원색도감

한국의 독버섯·독식물

배기환 · 박완희 · 정경수 · 안병태 · 이준성

책머리에

최근 자연을 이해하고 자연과 더불어 살아가고자 하는 생각들이 많아짐에 따라, 건강 증진을 도모하고 자연에 회귀한다는 의미에서 자연산인 버섯과 식물을 채취하여 먹는 사람들이 늘고 있다. 자연식품을 먹으면 몸에 좋을 뿐만 아니라 성인병을 예방하고 어떤 난치병도 낫게 한다는 정보들이 우리 생활 주변에 퍼져 있고, 이를 여과하지 않고 믿는 사람들이 의외로 많은 듯하다. 그래서 시중에 나와 있는 책들은 주로 버섯과 식물들의 긍정적인 부분에 대해서만 소개하고 있고, 생명에 위협을 주는 일에는 소홀한 점이 없지 않다. '약과 독은 종이 한 장 차이', '약은 독이다.' 라는 말과 같이 대개 약효가 강한 것들은 독성이 강하다고 해도 좋을 정도로 치명적인 것들이 많음에 유의해야 한다.

1995년 8월 29일자 제주 신문에는 119명의 집단 식중독 발생에 대한 기사가 크게 보도된 적이 있다. 벌초를 하러 갔다가 채취한 버섯을 요리하여 먹고 식중독을 일으킨 것이었다. 대부분의 환자는 3~4일 후 퇴원하였으나, 몇 명은 중태에 빠진 것으로 알려졌다. 또 1994년 4월 20일자 조선일보에는 '약초 잘못 먹은 등산객 셋 사상' 이라는 보도가 있었다. 이들은 경남 산청군 시천면 내대리 지리산 세석 산장 부근에서 독식물을 당귀라는 약초로 생각하고 채취하여 나누어 먹었는데, 1명은 사망하고 2명은 중태에 빠진 것으로 보도되었다. 필자의 1년 후배도 장래가 촉망되는 젊은이었으나, 역시 지리산에서 약초를 캐 먹고 사망한 일이 있다.

필자는 청년 시절부터 우리 주변에서 흔히 발견되는 버섯과 식물 중에서 유독한 것들을 일반인에게 알려 귀중한 생명의 손실이 없도록 해야겠다고 생각해 왔다. 버섯과 식물에 대한 지식이 부족하여 엄두도 못 내다가, 버섯 전문가 두 분과 필자, 그리고 함께 오랫동안 약용 식물 공부를 해 왔던 후학들과 힘을 합쳐 책을 엮게 되었다. 아무쪼록 이 책이 자연을 이해하고 자연 식품을 이용하는 모든 사람들에게 참고가 되길 바란다.

끝으로 좋은 책 만들기에 전념하시고 이 책이 나오도록 배려해 주신 양철우 사장님께 감사드리며, 처음부터 끝까지 온갖 정성을 아끼지 않으신 유홍희 부장님, 그리고 이은영 선생을 비롯한 편집부 여러분에게 감사를 드린다.

1997년 2월
저자 대표 배기환

차례

한국의 독버섯

차례

한국의 독버섯

차례

한국의 독식물

차례

한국의 독식물

한국의 독버섯

박완희
정경수

한국의 독버섯

1. 이 도감에서는 한국에 자생하는 버섯 중 유독한 것은 물론, 아직까지 독성분의 함유 여부가 불확실한 버섯, 그리고 식용으로 알려져 왔으나 최근 중독 사례가 보고됨으로써 주의를 요하는 버섯 및 식용시 개인의 체질에 따라 중독 증세를 일으킬 수 있는 버섯의 사진과 해설을 수록하였다.
2. 일반적으로 주름버섯류는 Singer와 Mose, 민주름버섯류는 Donk, 복균류는 Coker와 Couch, 목이류는 Bessey, 자낭균류는 Denris의 분류 체계에 따르되, 배열은 6항의 구분에 따라 독성이 강한 순으로 하였다.
3. 버섯의 한국명은 '한국균학회'가 제정한 것에 따랐고, 학명은 국제적으로 많이 통용되고 있는 것을 선택하였다.
4. 해설은 독성 여부, 버섯의 생태와 형태, 현미경적 형태(포자 등)의 순으로 하였다.
5. 사진마다 채집 날짜 및 장소를 실었다.
6. 맹독버섯, 독버섯, 식 · 독 불명, 요주의 버섯을 다음과 같이 색으로 구분하였다.
   - ● : 맹독버섯
   - ● : 독버섯
   - ● : 식 · 독 불명
   - ● : 요주의
7. 본문 내용의 이해를 돕기 위해 '버섯 그림 설명'과 '용어 해설'을 부록으로 실었다.

독버섯의 독작용과 식별

한국에는 약 1000여 종의 버섯이 자생하고 있는 것으로 알려졌으나 그 중 독버섯은 50여 종이고, 그 중에서도 치명적인 맹독 성분을 가진 것은 20여 종에 지나지 않는다. 그럼에도 불구하고 이름모를 야생 버섯을 보면 독버섯을 연상할 정도로 두려움의 대상이 되고 있는 것은 때때로 독버섯에 의한 중독사가 발생하기 때문이다.

현재까지 알려져 있는 독버섯들은 대개 주름버섯목 중 광대버섯과(Amanitaceae), 송이버섯과(Tricholomataceae), 독청버섯과(Strophariaceae), 끈적버섯과(Cortinariaceae), 외대버섯과(Rhodophyllaceae), 무당버섯과(Russulaceae) 등에 널리 분산되어 있으며, 독성분과 중독 증상도 버섯의 종류에 따라 각각 다르다.

1. 독버섯 중독의 임상적 형태

영국의 학자 페글러(Pegler)는 버섯 중독의 임상적 형태를 다음의 여덟 가지로 분류하고 있다.

① 세포용해성 독소(cytolytic poisoning)로, 이 독소는 다시 두 가지로 구분되는데, 사이클로펩티드계(cyclopeptides) 독소를 함유한 것과 오렐라닌(orellanin)을 함유한 것으로 나눌 수 있다. 사이클로펩티드계 독소는 지금까지 알려진 독소 중 가장 위험한 것으로 신장과 간에 해를 입히지만, 섭취 후 6시간까지는 아무런 증상이 발현되지 않는다. 알광대버섯(*Amanita phalloides*)과 독우산광대버섯(*Amanita virosa*)이 여기에 해당하며, 몇 가지 갓버섯속(*Lepiota*) 버섯 또한 사이클로펩티드계 독소를 포함하고 있다. 오렐라닌은 *Cortinarius speciosissimus* 에서 발견되는데, 섭취 후 3~17일까지 아무런 증상이 발현되지 않으나, 신장에 치명적인 손상을 준다. 다행히 이 버섯은 국내에서는 발견되지 않고 있다.

무우자갈버섯

② 적혈구를 파괴하는 용혈 독소(hemolysin)로 이 독소는 열에 약하여 가열 조리하면 파괴되며, 우산버섯(*Amanita vaginata*)과 고동색우산버섯(*Amanita fulva*)이 여기에 해당된다. 또 본 저자 등의 최근 연구에 의하면 무우자갈버섯(*Hebeloma crustuliniforme*)은 열에 쉽게 파괴되지 않는 용혈 독소를 지니고 있으므로 특히 주의할 필요가 있다.

③ 무스카린 (muscarine)계 독소로 이 독소는 섭취 후 약 2시간 만에 발한과 구토를 일으키나 일반적으로 인체에 치명적이진 않다. 광대버섯(*Amanita muscaria*), 마귀광대버섯(*Amanita pantherina*) 등이 이를 함유하고 있으며, 최근에는 그 동안 식용하던 흰삿갓깔때기버섯(*Clitocybe fragrans*)에서도 무스카린이 검출되어 각별한 주의를 요하고 있다.

④ 향정신성 독소(psychotropic poisoning)로 이 독소는 크게 두 부류로 구분되는데, 이보테닌산(ibotenic acid) 또는 무시놀(muscinol)을 함유한 버섯들과 환각을 일으키는 독소인 사일로신(psilocin) 또는 사일로시빈(psilocybin)을 함유한 버섯들로 나눌 수 있다. 이보테닌산 또는 무시놀을 함유한 부류는 환각 증상은 물론 마비와 혼수 상태에까지 이르게 한다. 광대버섯이 여기에 속한다.

⑤ 코프린(coprine) 중독으로, 이 중독은 대부분 두엄먹물버섯(*Coprinus atramentarius*)이 일으킨다. 알코올과 함께 섭취했을 때에는 구토와 복통을 일으키는데, 그 이유는 버섯 중의 코프린 성분이 간에서의 알코올 해독 작용을 차단하기 때문이다. 그러나 술을 마시지 않은 사람은 전혀 해를 입지 않는다.

⑥ 위장관 자극 현상으로 많은 버섯들이 이 범주 안에 들어가는데, 그 버섯들의 독작용 정도는 섭취한 버섯의 양과 개인의 민감성에 따

양파광대버섯

라 다르다. 송이버섯속(*Tricholoma*), 무당버섯속 (*Russula*), 젖버섯속 (*Lactarius*)의 몇몇 버섯들이 여기에 해당된다.

⑦ 불내성(intolerance)과 알레르기를 일으키는 현상으로, 일부 사람들은 여기에 민감하다. 이러한 버섯은 남들은 이상이 없더라도 자신만 해를 입을 수도 있으므로 일단은 독버섯으로 간주하는 것이 안전하다. 뽕나무버섯(*Armillaria mellea*)이 여기에 해당된다.

⑧ 위장염(gastroenteritis)을 일으키는 현상으로, 이 경우는 버섯 자체보다 버섯에 핀 다른 곰팡이가 원인인 경우가 대부분이어서 신선하고 깨끗한 버섯만을 식용할 경우 충분히 피할 수 있는 부작용이다.

이상의 여덟 가지 유형 중 실제 사망 사고의 대부분은 광대버섯속의 버섯에 의해 일어난다. 광대버섯속의 버섯들 중 일부는 몇 가지 매우 위험한 독소를 함유하고 있는데, 가장 위험한 성질은 앞에서도 언급한 바와 같이 독소가 매우 느리게 작용하여, 12시간이 되도록 거의 아무런 증상이 발현되지 않는다는 것이다. 그러나 일단 독소가 작용하기 시작하면 그것은 매우 강력히 간과 신장을 파괴하며, 심부전(heart failure)과 내출혈을 일으키고 조직에 심각한 손상을 야기시킨다. 한 예로 알광대버섯에 의해 중독된 14살 소년의 경우 심각한 급성 간기능부전, 혈관내 응집, 그리고 치료 저항성의 저산소증을 보였고,치료에도 불구하고 버섯 섭취 후 9일 만에 사망하였다. 한편, 야마무라(Yamamura) 등은 양파광대버섯(*Amanita abrupta*)의 간독성에 관한 실험을 하였는데,수컷 생쥐에 양파광대버섯 추출물을 복강 주사 하였을 때 6시간 후에 혈당과 간 글리코겐(glycogen)의 양이 각각 정상 생쥐보다 60%, 10% 감소하였으며, 12시간 후에는 간 손상의 지표가 되는 혈청 GOT와 혈청 GPT가 각각 3배, 8배로 증가하는 것을 발견하였다.

이처럼 광대버섯속 독버섯들의 독성은 지연성으로 나타나서 사망에 이를 정도로 심한 경우가 많으므로, 이 버섯들을 다른 버섯과 혼동하지 않도록 각별한 주의가 필요하다.

2. 독버섯의 식별 방법

독버섯을 쉽게 식별할 수 있는 방법은 무엇일까? 결론을 먼저 말하자면 독버섯과 식용 버섯을 간단 명료하게 구분할 수 있는 방법은 결코 없다. 그럼에도 불구하고 민간에는 나름대로 '독버섯 식별법'이 전해 내려오고 있어서 독버섯으로 인한 중독 사고의 한 원인이 되기도 한다. 한 예를 들면 '색깔이 화려한 버섯은 독버섯'이라는 것이다. 그러나 실제로 달걀버섯(*Amanita hemibapha*)은 눈부실 정도로 선명한 적색 내지 적황색을 띠고 있음에도 식용 버섯인 반면, 별로 눈에 띄지 않는 옅은 갈색 내지 올리브 갈색을 띠고 있는 알광대버섯은 전세계에 걸쳐 많은 중독사를 유발하는 치명적인 독버섯이다. 뿐만 아니라 두엄먹물버섯은 식용이 가능하나 앞에서 설명한 바와 같이 술(알코올)과 함께 먹으면 중독을 일으키므로 식용 버섯과 독버섯을 획일적으로 구분하는 것은 불가능하다. 또 다른 예로 식용 버섯 중 우산버섯은 가열 조리하였을 경우에는 전혀 독작용이 없으나 날로 먹으면 빈혈 등 중독 증상을 일으킨다. 왜냐 하면 우산버섯의 용혈 독소는 열에 의해 쉽게 파괴되기 때문이다. 그러나 서구 문명이 급속히 유입되고 야채류의 생식 경향이 증가하면서 국내에서도 버섯을 날로 먹는 경향이 나타나고 있어 이러한 독성분에 주의를 기울일 필요가 생기게 되었다. 물론 양송이버섯(*Agaricus bisporus*)과 같이 이미 오랫동안 샐러드 등에 사용되어 온 버섯은 문제가 없으나, 일부 야생 버섯은 생식할 경우 심각한 중독 증세가 일어날 수 있다. 따라서 본 저자 등은 최근 연구에서 한국에 자생하는

알광대버섯

버섯류를 대상으로 이들을 생식할 경우 독작용을 일으킬 가능성이 있는지를 검토하였다. 즉, 49종의 야생 버섯을 가열하지 않은 상태로 냉침을 하고, 그 냉침액의 용혈 독성을 실험하였다. 그 결과 상당수의 버섯들이 용혈 독성을 지니고 있음을 발견하여 학회에 발표한 바 있다. 특히 무우자갈버섯의 용혈 독소(hebelolysin)는 가열에 의해 쉽게 파괴되지 않기 때문에 문제가 될 수 있다.

한편, 버섯들은 주위 환경이나 기후, 영양 상태 등에 따라 형태나 색깔, 크기 등에 차이가 많이 나기 때문에 버섯을 전문적으로 연구하는 학자들도 주위 환경의 영향을 덜 받는 현미경적 특성을 관찰해야만 종을 식별할 수 있는 경우가 흔히 있다. 일반인들이 외형만으로 식용 버섯을 구분하려다가는 유사 형태의 독버섯을 잘못 섭취할 수도 있다. 따라서 독버섯에 의한 중독을 피할 수 있는 가장 확실한 방법은 전문가의 도움 없이 야생 버섯을 함부로 먹어서는 안 된다는 점이며, 식용 버섯이라도 가능하면 가열 조리 과정을 거쳐야 한다는 것이다.

3. 독버섯 중독시 취해야 할 행동 요령

독버섯 중독 사고의 대부분은 나름대로 그 지역의 야생 버섯, 즉 독버섯이나 식용 버섯을 잘 알고 있다고 스스로 믿고 있는 산간 지역 주민들에게 일어나고 있다. 이는 잘못된 지식이 오히려 재앙을 불러들일 수 있음을 잘 보여 주는 것이다. 마찬가지로 독버섯 중독시 취해야 할 응급처치 요령은 신통한 것이 없으며, 앞에서 설명한 것처럼 그 중독 증세 또한 매우 다양하다. 따라서 그에 대한 적절한 처치는 중독 성분에 따라 달라지며, 또한 극히 전문적인 지식을 요구하게 된다.

대개 치명적인 중독 사고를 야기하는 광대버섯류는 버섯 섭취 후 8시간 또는 그 이상 경과 후 중독 증세를 보이므로, 이 상태에서 먹은 것을 토하게 하는 것은 무의미하다. 따라서 서투른 응급 처치보다는 중독 환자가 섭취한 버섯을 판별할 수 있는 재료(남은 버섯이나 버섯이 들어간 음식, 혹은 중독 환자가 토한 위 내용물 등)를 확보하여 환자와 함께 병원으로 신속히 이송해야 한다. 그렇게 해야만 중독을 야기한 버섯을 확인하여 그에 따른 적절한 처치를 받을 수 있기 때문이다.

94.8.20. 월악산

독우산광대버섯 ●

Amanita virosa (Fr.) Bertillon

광대버섯과

맹독버섯이다. 손가락 크기만한 버섯 하나로 여러 사람이 사망할 수 있는 치명적인 맹독버섯이다. 식용버섯인 흰우산버섯(*Amanita vaginata*), 흰주름버섯(*Agaricus arvensis*)과 유사하기 때문에 잘못 먹음으로 인한 중독 사고의 예가 종종 보고되고 있으므로 주의해야 한다. 여름과 가을에 활엽수림·침엽수림 부근 땅 위에 발생하며, 북반구 일대·오스트레일리아 등지에 분포한다.

갓은 지름 4~15cm로 초기에는 원추형~반구형이나 차차 볼록편평형이 되고 전체가 백색이며 표면은 평활하고, 조직은 KOH 용액에 의해 황색으로 변한다. 주름살은 떨어진형이고 약간 빽빽하며 백색이다. 대는 8~28×0.7~2cm로 표면에는 섬유상 큰 인편이 있고, 위쪽에는 백색의 큰 턱받이가 있으며, 기부는 구근상이고 주위에 대주머니가 있다. 포자는 6.5~7×6~7μm로 구형이며, 표면은 평활하다.

92.8.10. 용문산

94.8.21. 월악산

마귀광대버섯 ●

***Amanita pantherina* (DC. ex Fr.) Krombh.**

광대버섯과

94.8.21. 월악산

맹독버섯이다. 식용버섯인 붉은점박이버섯과 형태가 매우 유사하여 혼동을 일으킬 수 있으므로 주의해야 한다. 여름과 가을에 침엽수림·활엽수림 내 땅 위에 단생 또는 군생하며, 북반구 온대 이북·아프리카 등지에 분포한다.

갓은 지름 6~20cm로 초기에는 구형이나 차차 오목편평형이 된다. 갓 표면은 회갈색~황갈색이며, 백색의 사마귀 모양의 외피막 파편이 산재하고, 갓 둘레에는 방사상 홈선이 있으며 습하면 점성이 있다. 주름살은 떨어진형으로 약간 빽빽하고 백색이며, 주름살날은 다소 톱날형이다. 대는 5~3.5×0.6~3cm로 표면은 백색이며 위쪽에 백색 턱받이가 있고, 턱받이 아래쪽에는 섬유상 인편이 있다. 기부는 구근상(球根狀)이며, 그 위에 외피막 일부가 2~4개의 불완전한 환문을 이룬다. 포자는 9.5~12×7~9 μm로 광타원형이며, 표면은 평활하다.

87.7.25. 선정릉

알광대버섯 ●

Amanita phalloides **(Fr.) Link**

광대버섯과

맹독버섯이다. 여름과 가을에 침엽수림·활엽수림 내 땅 위에 단생하며, 전세계에 분포한다.

갓은 지름 5~10cm로 초기에는 난형이나 차차 편평형이 되며, 표면은 황록갈색이며 점성이 있다. 주름살은 떨어진형으로 빽빽하며 백색이다. 대는 8~12×0.5~0.8cm로 표면은 백색이고, 대 위쪽에는 막질의 백색 턱받이가 있으며 아래쪽에는 인편이 약간 덮여 있다. 기부는 굵으며, 크고 단단한 칼집 모양의 대주머니가 있다. 포자는 8~11×7~8.5 μm로 단타원형이며, 표면은 평활하다.

88.7.21. 헌인릉

뱀껍질광대버섯 ●

Amanita spissacea **Imai**

광대버섯과

독버섯이다. 중독되면 오심(惡心)·환시·혼수 상태에 빠지나 일반적으로 1~2일 후 회복된다. 여름부터 가을까지 침엽수림·활엽수림·혼합림 내 땅 위에 단생하며, 한국·일본·중국 등지에 분포한다.

갓은 지름 4~12.5cm로 초기에는 반구형이나 차차 편평형이 되며, 표면은 갈회색이며 섬유상 또는 분말상의 암갈색 외피막 파편이 있다. 조직은 백색이며, 주름살은 떨어진형~내린형이고 빽빽하다. 대는 5~15×0.8~1.5cm로 회갈색의 가는 인편이 있고, 위쪽에는 얼룩무늬가 있다. 턱받이는 회백색이며 기부에는 4~7개의 회갈색의 분말상 또는 솜털 모양의 대주머니가 있다. 포자는 8~10.5×7~7.5μm로 타원형~유구형이며 표면은 평활하다.

95.7.18. 충남대

91.8.16. 치악산

92.9.12. 공릉

암회색광대버섯아재비 ●

***Amanita pseudoporphyria* Hongo**

광대버섯과

독버섯이다. 여름과 가을에 활엽수림·침엽수림 내 땅 위에 산생 또는 군생하며, 한국·일본 등지에 분포한다.

갓은 지름 3~11cm로 초기에는 반구형이나 차차 편평형이 되며, 표면은 갈회색이고 중앙부는 짙은 갈회색이며 때때로 분말상의 외피막 파편이 있고, 갓 끝에는 백색의 외피막 파편이 부착되어 있다. 조직은 백색이며, 주름살은 떨어진형으로 빽빽하며 백색이다. 주름살날은 분말상이다. 대는 5~12×0.6~1.9cm로 기부는 뿌리 모양이며, 표면은 백색이고 인편이 있으며, 대 위쪽에는 백색 막질의 큰 턱받이가 있으나 곧 떨어지고, 대주머니는 백색의 막질이다. 포자는 7~8.5×4.5~5.5μm로 타원형이며, 표면은 평활하다.

95.9.13. 충남대

양파광대버섯 ●

***Amanita abrupta* Peck**

광대버섯과

독버섯이다. 식·독 불명 버섯인 흰가시광대버섯(*Amanita virgineoides*)과 혼동하기 쉬우나 양파광대버섯은 대의 기부가 양파형으로 팽대되어 있는 점이 다르다. 여름과 가을에 활엽수림·혼합림 내 땅 위에 발생하며, 한국·일본·북아메리카 등지에 분포한다.

갓은 지름 3~7cm로 전체가 백색이며, 초기에는 반구형이나 차차 편평형이 되고, 표면에는 뾰족한 작은 돌기가 많으나 쉽게 탈락한다. 주름살은 떨어진형이며 빽빽하다. 대는 8~14×0.6~0.8cm로 표면에는 돌기가 부착되어 있고, 턱받이는 막질이다. 포자는 지름 7~8.5 μm로 구형이며, 표면은 평활하다.

89.8.11. 설악산

89.8.27. 동구릉

긴골광대버섯아재비 ●

Amanita longistriata **Imai**

광대버섯과

독버섯이다. 여름부터 가을에 걸쳐 침엽수림·활엽수림·혼합림 내 땅 위에 단생하며, 한국·일본 등지에 분포한다.

갓은 지름 2~6cm로 난형 또는 종형이나 차차 편평형으로 되고, 표면은 평활하고 회갈색~회색을 띠며, 갓 둘레에는 방사상 홈선이 있다. 주름살은 떨어진형으로 약간 빽빽하며 담홍색이다. 대는 4~9×0.4~0.8cm로 위쪽이 약간 가늘고, 표면은 백색이고 회백색 턱받이가 있으며, 기부에는 백색의 대주머니가 있다. 포자는 10~14×7.5~9.5μm이며 표면은 평활하다.

95.8.17. 대청댐

95.7.17. 청계산

93.6.27. 공릉

87.7.25. 선정릉

파리버섯 ●

***Amanita melleiceps* Hongo**

광대버섯과

독버섯이다. 독성이 강하여 민간에서는 이 버섯을 밥알과 섞어 파리를 잡는데 이용하기도 한다. 여름과 가을에 침엽수림·활엽수림·혼합림 내 땅 위에 단생하며, 한국·일본 등지에 분포한다.

갓은 지름 3~6cm로 초기에는 평반구형이나 차차 오목편평형이 된다. 갓 표면은 갈황색~황색이고, 갓 둘레는 좀더 연한 색이고 홈선이 있으며, 전면에 담황색의 큰 외피막 파편이 있다. 주름살은 떨어진형으로 성기며 백색이다. 대는 길이 3~5cm로 속은 비어 있고 위쪽으로 가늘어지며, 기부는 두툼하고 백색~담황색이다. 포자는 8.5~12.5×6~8.5 μm로 광타원형이며, 표면은 평활하다.

94.7.17. 공릉

92.7.28. 신륵사

88.10.7. 용문산

하얀땀버섯 ●

***Inocybe umbratica* Quél.**

끈적버섯과

92.8.10. 용문산

독버섯이다. 여름부터 가을까지 침엽수림 내 땅 위에 단생하며, 북반구 온대 이북에 분포한다.

갓은 지름 2~3.5cm로 초기에는 원추형이나 차차 볼록편평형이 되고, 표면은 백색이며 비단상의 광택이 있다. 주름살은 떨어진형이며 약간 빽빽하고 백색을 거쳐 회갈색이 된다. 대는 2.5~5×0.3~0.7cm로 위아래 굵기가 같으나 기부쪽이 약간 팽대하고, 표면은 백색이며 비단상의 광택이 있다. 포자는 7~8.8×5~6μm로 육각형이며, 표면에 돌기가 있고, 포자문은 암갈색이다.

90.8.26. 수원 용주사

삿갓땀버섯 ●

***Inocybe asterospora* Quél.**

끈적버섯과

독버섯이다. 여름과 가을에 숲 속·정원 내 땅 위에 발생하며, 한국·일본 등지에 분포한다.

갓은 지름 2.5~6.5cm로 초기에는 원추형이나 차차 볼록편평형이 되고, 표면은 적갈색이며 섬유상 표피가 방사상으로 갈라져 백색 조직이 보인다. 주름살은 끝붙은형으로 약간 빽빽하고 회갈색이다. 대는 2~6×0.3~0.5cm로 기부는 구근상이고 전체는 백색~담황토색으로 속은 차 있다. 포자는 9~11.5×8~10 μm로 담회갈색의 다각형~타원형이며, 표면에 돌기가 있다.

89.7.6. 내원사

솔땀버섯 ●

Inocybe fastigiata (Schaeff.) Quél.

끈적버섯과

독버섯이다. 무스카린을 함유하기 때문에 잘못 먹으면 땀을 많이 흘리고 호흡이 곤란해지거나 맥박이 느려진다. 여름과 가을에 침엽수와 활엽수의 혼합림 내 땅 위·초원·잔디 위에 단생하며, 전세계에 분포한다.

갓은 지름 2~6.5cm로 초기에는 원추형이나 차차 볼록편평형이 되고, 표면은 갈황백색이며, 초기에는 비단상의 광택이 있고 섬유상이나 차차 방사상으로 갈라져 담황백색의 조직이 보인다. 주름살은 황백색이나 차차 황록갈색이 되고 완전붙은형이며 약간 빽빽하고, 주름살날은 백색이다. 대는 3~10×0.2~0.8cm로 위아래 굵기가 거의 같고, 표면은 백색~담갈색이며 섬유상 인편이 있다. 포자는 8.5~13×4.5~7.2μm로 타원형이며, 표면은 평활하고, 포자문은 암갈색이다.

94.7.20. 장릉

92. 6. 26. 설악산

솔미치광이버섯 ●

Gymnopilus liquiritiae (Pers. ex Fr.) Karst.

끈적버섯과

독버섯이다. 중독되면 환각 증상을 일으킨다. 가을에 숲 속 침엽수의 썩은 나무·고목·그루터기에 군생 또는 속생하며, 북반구 온대 이북에 분포한다.

갓은 지름 1.5~4cm로 초기에는 원추상 종형이나 차차 편평형이 되고, 표면은 평활하고 황갈색~등갈색이며 성숙하면 갓 둘레에 다소 선이 나타난다. 조직은 담황색~황갈색이며 쓴맛이 있다. 주름살은 완전붙은형 또는 내린형이며 빽빽하고, 초기에는 황색이나 차차 황갈색이 된다. 대는 2~5×0.2~0.4cm로 속은 비어 있고, 표면은 섬유상이며, 대 위쪽은 황갈색이고 아래쪽으로 갈수록 갈황색이 된다. 포자는 8.5~10×4.5~6μm로 아몬드형이고, 표면에는 미세한 돌기가 있으며, 포자문은 황갈색이다.

92.6.26. 설악산

갈황색미치광이버섯 ●

Gymnopilus spectabilis (Fr.) Sing.

끈적버섯과

독버섯이다. 물에 담갔다가 식용하는 경우도 있으나 다량 식용하면 환각·환청을 동반하는 정신 이상, 흥분 상태가 된다. 여름과 가을에 활엽수·침엽수의 생목이나 고목에 속생하며, 전세계에 분포한다.

갓은 지름 5~18cm로 초기에는 반구형이나 차차 볼록편평형이 된다. 갓 표면은 평활하고 갈황색이고 섬유상의 미세한 인편이 있고, 조직은 담황색이고 쓴맛이 있다. 대는 5~20×1~2.5cm로 표면은 황색~황토색이고 섬유상의 세로줄이 있으며, 대 위쪽에 턱받이가 있다. 포자는 7.5~10.5×4.5~6μm로 난형~타원형이며, 표면에는 미세한 주름이 있고, 포자문은 적갈색~갈적색이다.

92.6.26. 설악산

95. 8. 29. 속리산

무우자갈버섯 ●

***Hebeloma crustuliniforme* (Bull.) Quél.**

끈적버섯과

독버섯이다. 본 저자 등의 실험 결과 강력한 용혈독이 발견되어 헤벨롤리신(hebelolysin)이라 명명된 바 있다. 여름부터 가을까지 혼합림 내 땅 위에 발생하며, 한국·일본 등지에 분포한다.

갓은 지름 3~6cm로 평반구형이며 갓 끝은 안쪽으로 말려 있으나 차차 편평형이 된다. 갓 표면은 평활하며 습할 때는 점성이 있고 담황토색~갈황토색이며, 갓 둘레는 보다 엷은 색을 띤다. 조직은 비교적 두껍고 백색이다. 주름살은 끝붙은형~홈형으로 빽빽하고, 초기에는 백색이나 차차 담홍색으로 된다. 대는 4~7×0.5~1.5cm로 기부가 다소 굵다. 포자는 8~10×4.5~5.5μm로 광방추형이며, 표면에는 돌기가 있다. 날시스티디아는 25~35×5~8μm로 곤봉형~오이형이다. 포자문은 암갈색이다.

95.8.17. 대청댐

95.8.17. 대청댐

95.9.5. 충남대

흰독깔때기버섯(신칭) ●

***Clitocybe dealbata* Fr. (kum.)**

송이과

독버섯이다. 식용버섯인 선녀낙엽버섯(*Marasmius oreades*), 매화그늘버섯(*Clitopilus prunulus*)과 유사하므로 주의해야 한다. 여름부터 가을까지 숲 속의 땅 위에 군생 또는 속생(束生)한다.

갓은 지름 2~4cm로 초기에는 평반구형이나 차차 오목편평형이 되며, 표면은 백색~백갈색이다. 주름살은 바른형~내린형으로 좁고 빽빽하며, 유백색~담황색이다. 대는 길이 2~4cm로 갓과 같은 색이며, 섬유질이나 비단과 같은 감촉을 준다. 포자는 4~5×2~3μm로 좁은 타원형이며, 표면은 평활하다.

95.8.23. 오대산

흰삿갓깔때기버섯 ●

Clitocybe fragrans (With. ex Fr.) Kummer

송이과

독버섯이다. 식용버섯으로 알려져 왔으나 최근 독성분 무스카린을 함유한 것으로 밝혀졌으므로 주의해야 한다. 가을에 각종 숲 속의 땅 위에 군생 또는 속생하며, 북반구 온대 이북·아프리카 등지에 분포한다.

갓은 지름 2~3.5cm로 오목편평형~깔때기형이며, 표면은 평활하고, 습하면 갓 둘레에 선이 나타나며, 담갈색이나 마르면 선은 없어지고 백색이 된다. 갓 끝은 처음에는 안쪽으로 감긴다. 조직은 얇고 표면과 같은 색이다. 주름살은 완전붙은형~내린형으로 너비가 좁고 빽빽하다. 대는 길이 3~4.5cm로 갓과 같은 색이고 속이 비어 있으며, 기부에는 솜털 모양의 균사가 있다. 포자는 6.5~7.5×3.5~4μm로 타원형이며, 표면은 평활하다.

89.9.3. 동구릉

맑은애주름버섯 ●

***Mycena pura* (Pers. ex Fr.) Kummer**

송이과

독버섯이다. 그 동안 식용버섯으로 알려져 왔으나 최근 독성분 무스카린을 함유한 것으로 밝혀졌으므로 주의해야 한다. 여름부터 가을까지 죽은 나무 위나 숲 속 낙엽 위에 군생 또는 산생하며, 한국·동아시아·유럽·북아메리카·아프리카 등지에 분포한다.

갓은 지름 2~4cm로 초기에는 원추형~반구형이나 차차 볼록평반구형이 된다. 갓 표면은 평활하고 자주색·연보라색 등 다양한 빛깔을 띠며, 습할 때 반투명 선이 나타난다. 조직은 자주색~연보라색을 띤다. 주름살은 완전붙은형이며 성기고 회백색~담회자색을 띤다. 대는 4~8×0.2~0.7cm로 위아래 굵기가 같고, 갓과 같은 색이거나 다소 옅은 색을 띠며, 기부에는 백색의 가늘고 짧은 섬유상 균사가 있고, 속은 비어 있다. 포자는 6.5~8.5×3~4.5μm로 장타원형이며, 표면은 평활하다.

93.8.31. 충남대

88.7.23. 서오릉

89.10.15. 동구릉

담갈색송이 ●

Tricholoma ustale (Fr. ex Fr.) Kummer

송이과

독버섯이다. 중독되면 구토·설사·복통 등의 증상이 나타난다. 소금에 절이면 독성이 약해진다는 기록도 있으나 주의해야 한다. 가을에 활엽수림·혼합림 내 땅 위에 단생 또는 군생하며, 북반구 온대에 분포한다.

갓은 지름 3~8cm로 초기에는 원추형이나 차차 볼록편평형이 된다. 갓 표면은 적갈색~담흑갈색이며 습할 때는 점성이 있고, 갓 끝은 굽은형이고, 조직은 백색이나 상처가 나면 갈색으로 변한다. 주름살은 홈형이며 빽빽하고 백색이나 차차 적갈색 얼룩이 생긴다. 대는 2.5~6×0.6~2cm로 섬유상이며, 기부는 약간 굵고 위쪽은 백색, 아래쪽은 담적갈색이다. 포자는 5.5~6.5×3.5~4.5μm로 난형이며, 표면은 평활하다.

92.6.6. 용주사

땅비늘버섯 ●

Pholiota terrestris **Overh.**

독청버섯과

독버섯이다. 중독되면 설사·구토 등의 증상이 나타난다. 봄부터 가을에 걸쳐 산림 내 밭·길가의 땅 위에 속생 또는 군생하며, 한국·일본·북아메리카 등지에 분포한다.

갓은 지름 2~6cm로 초기에는 평반구형이나 차차 볼록편평형이 되며, 표면은 담황색~담갈색이며 농갈색의 섬유상 인편이 많이 있다. 갓 끝에는 내피막 일부가 붙어 있고, 조직은 담황색이고, 주름살은 완전붙은형으로 빽빽하며 담황색을 거쳐 농갈색이 된다. 대는 3~7×0.3~0.6cm로 갓과 같은 색이고 섬유상의 갈라진 인편으로 덮이며, 분말상의 내피막으로 불분명한 턱받이를 만든다. 포자는 5~7×3~4μm로 타원형이며, 표면은 평활하고, 포자문은 갈색이다.

92.6.6. 용주사

86.9.5. 서울 효자동

노란다발 ●

Naematoloma fasciculare **(Hudson ex Fr.) Karst.**

독청버섯과

독버섯이다. 심장 독성을 나타내는 네마톨린(naematolin) 등의 독성분이 확인되었으며, 유럽 등지에서는 중독 예도 보고되고 있다. 주로 봄·가을에 죽은 나무 그루터기나 숲 속 땅 위에 군생 또는 속생하며, 전세계에 분포한다.

갓은 지름 2~8cm로 초기에는 원추형이나 차차 평반구형 또는 볼록편평형이 되며, 전체가 밝고 선명한 유황색 또는 황록색을 띠고, 초기에는 갓 끝이 안으로 말려 있고 종종 내피막의 일부가 갓 끝에 붙어 있다. 주름살은 완전붙은형으로 빽빽하며 갓과 같은 색이나 후에 녹갈색이 된다. 대는 5~12×0.3~0.8cm로

95.9.7. 충남대

위아래 굵기가 같고 위쪽은 유황색이나 차차 황갈색 또는 갈색으로 되며, 초기에는 백색~담황색의 내피막이 있으나 성장하면 대 위쪽에 흔적만 있다. 기부는 백색의 가늘고 작은 섬유상 털로 덮여 있으며 성숙하면 속은 비어 있다. 포자는 6.5~8.5×3~4.5μm로 장타원형이며, 표면은 평활하다.

91.8.17. 치악산

89.7.6. 내원사

삿갓외대버섯 ●

***Rhodophyllus rhodopolius* (Fr.) Quél.**

외대버섯과

독버섯이다. 무스카린·콜린·무스카리신 등의 독성분을 함유하고 있으며, 식용버섯인 외대덧버섯·방패외대버섯과 혼동되므로 주의해야 한다. 여름과 가을에 활엽수림·소나무가 섞인 혼합림 내 땅 위에 산생 또는 군생하며, 북반구 일대에 분포한다.

갓은 지름 3~8cm로 초기에는 종형이나 차차 볼록편평형이 되며, 표면은 평활하고 회색을 띠며, 건조하면 비단상의 광택이 있다. 조직은 백색이며 밀가루 냄새가 난다. 주름살은 완전붙은형 또는 홈형으로 빽빽하고 초기에는 백색이나 차차 홍색이 된다. 대는 5~10×0.5~1.5cm로 위아래 굵기가 거의 같고, 속은 비어 있으며, 표면은 백색이다. 포자는 8~10×7~8μm로 오면체~육면체이며, 포자문은 담홍색이다.

92.8.2. 경은사

흰꼭지버섯 ●

Rhodophyllus murraii **(Berk. et Curt.) Sing. f. *albus* (Hiroe) Hongo**

외대버섯과

독버섯이다. 이와 유사한 종으로 자실체 전체가 진한 황색을 띠는 노란꼭지버섯(*Rhodophyllus murraii*)이 있으므로 주의해야 한다. 여름부터 가을까지 삼림내 땅 위에 군생 또는 산생하며, 한국·일본 등지에 분포한다.

갓은 지름 1~6cm로 원추형~종형이고, 표면은 황백색이고 습하면 반투명선이 나타나며, 중앙부에 연필심 모양의 융기가 있다. 주름살은 끝붙은형으로 성기고, 초기에는 백색이나 차차 담홍색이 된다. 대는 3~10×0.3~0.9cm로 속은 비어 있고, 표면은 황백색이며 섬유상이다. 포자는 11~14×11~12μm로 다면체이고, 포자문은 담홍색이다.

95.7.24. 보문산

95.8.12. 청계산

붉은꼭지버섯 ●

Rhodophyllus quadratus **(Berk. et Curt.) Hongo**

외대버섯과

독버섯이다. 여름과 가을에 침엽수림·혼합림 내 땅 위에 산생 또는 군생하며, 전세계에 분포한다.

갓은 지름 1~4cm로 원추형~종형이며, 중앙부에 연필심 모양의 융기가 있다. 갓 표면은 홍색~담홍색이고 습하면 방사상의 선이 나타나며, 조직은 갓보다 약간 옅은 색이다. 주름살은 끝붙은형이며 약간 성기고 갓보다 짙은 색을 띤다. 대는 3~6×0.2~0.4cm로 위아래 굵기가 같고 속은 비어 있으며, 표면은 담홍색이며 섬유상이다. 포자는 10~13.5×9~11μm로 육면체이고, 포자문은 담홍색이다.

92.9.7. 용문산

89.9.10. 치악산

90.9.15. 융건릉

깔때기무당버섯 ●

***Russula foetens* Pers. ex Fr.**

무당버섯과

독버섯이다. 고약한 냄새가 나고 맛은 맵다. 여름부터 가을까지 숲 속의 땅 위에 군생하며, 북반구 일대에 분포한다.

갓은 지름 5~12cm로 초기에는 평반구형이나 차차 오목편평형이 되며, 표면은 황갈색이며 습하면 점성이 있다. 갓 둘레에는 뚜렷한 방사상의 홈선이 있으며 홈의 융기부에는 작은 젖꼭지 모양의 돌기가 늘어서 있고 표피는 벗겨지지 않는다. 주름살은 끝붙은형이며 빽빽하고 백색이나 갈색의 얼룩이 있으며 물방울을 분비한다. 대는 3~9×0.5~3.5cm로 굵고 속이 비어 있으며, 표면에 가시와 연결맥이 있다. 포자는 7.5~10×6.5~9 μm로 구형이며, 표면에는 곰보 모양의 돌기가 있다.

90.9.22. 동구릉

90.8.10. 치악산

민들레젖버섯 ●

Lactarius scrobiculatus (Scop. ex Fr.) Fr.

무당버섯과

독버섯이다. 여름과 가을에 산 속의 침엽수림 내 땅 위에 산생하며, 한국·일본 등지에 분포한다.

갓은 지름 5.5~20cm로 깔때기형이며 황갈백색이고, 표면은 평활하나 작은 인편이 있기도 하며 환문이 있다. 주름살은 내린형으로 빽빽하며 황백색이다. 조직은 백색이고, 유액은 백색으로 다량 분비되며 급속히 황색으로 변하고 매운 맛이 난다. 대는 3~6×1.5~3.5cm로 표면은 황갈색이고 약간 짙은 색의 얼룩이 있으며, 아래쪽은 가늘다. 포자는 6.5~9×5~7.5μm로 광타원형이며, 표면은 망목상이고 아밀로이드이며, 포자문은 백색~담황백색이다.

93.8.9. 백악산

노란젖버섯 ●

***Lactarius chrysorrheus* Fr.**

무당버섯과

독버섯이다. 생식하면 중독되며, 강한 불로 구우면 식용이 가능하나 다소 매운 맛이 있다. 여름과 가을에 침엽수림·잡목림 내 땅 위에 단생 또는 산생하며, 한국·일본 등지에 분포한다.

갓은 지름 4~10cm로 초기에는 평반구형이나 차차 오목편평형이 된다. 갓 표면은 황갈색~담황색이며 짙은 색의 희미한 환문이 있고 습하면 점성이 있다. 주름살은 완전붙은형 또는 내린형으로 빽빽하며 담황색이다. 갓이나 주름살에 상처가 나면 백색 유액이 분비되나 곧 황색으로 변하며 매우 맵다. 대는 4~7×0.8~2.2cm로 위아래 굵기가 같고 속은 비어 있으며, 갓과 같은 색이거나 엷은 색이다. 포자는 6~9×5~7.5μm로 구형이며, 표면은 돌기가 있는 망목상이고, 포자문은 담황색이다.

93.7.30. 정수사

95.8.17. 충남대

흙무당버섯 ●

Russula senecis **Imai**

무당버섯과

독버섯이다. 깔때기무당버섯(*Russula foetens*)과 혼동하기 쉬우나, 흙무당버섯은 표피가 코스모스 잎 모양으로 갈라지는 특징이 있어 구별이 용이하다. 여름부터 가을까지 활엽수림 내 땅 위에 단생 또는 군생하며, 한국·일본·뉴기니 등지에 분포한다.

갓은 지름 5~10cm로 초기에는 반구형이나 차차 오목편평형이 되고, 표면은 황갈색이며, 갓 둘레에는 방사상의 홈선이 있다. 조직은 냄새가 있고 매운맛이 난다. 주름살은 떨어진형이며 약간 빽빽하고, 초기에는 백색이나 차차 갈색으로 얼룩진다. 대는 4~12×0.9~3.2cm로 위아래 굵기가 같고, 표면은 황색이며 갈색~흑갈색의 작은 반점이 있다. 포자는 7.5~9.5μm로 구형이며, 표면에는 거친 날개 모양의 융기가 있다.

95.8.17. 충남대

88. 9. 26. 영릉

냄새무당버섯 ●

Russula emetica (Schaeff. ex Fr.) S. F. Gray

무당버섯과

독버섯이다. 몹시 매운맛을 내고, 구토 등 중독 증세를 일으키므로 독버섯으로 분류된다. 여름부터 가을까지 침엽수림 내 땅 위에 단생 또는 군생하며, 북반구 일대·오스트레일리아 등지에 분포한다.

갓은 3~10cm로 초기에는 반구형이나 차차 편평형 또는 오목편평형이 되며, 표면은 평활하고 습하면 점성이 있으며 선홍색을 띠고, 표피는 쉽게 잘 벗겨지며, 조직은 백색이다. 주름살은 떨어진형 또는 끝붙은형으로 약간 빽빽하고 백색이나 차차 담황색으로 되며, 주름살날은 평활하다. 대는 4~9×0.7~2cm로 표면은 평활하고 백색이며, 위아래 굵기가 같거나 아래쪽이 약간 굵으며 잘 부서진다. 포자는 9~11×7.5~8.5μm로 유구형이며, 표면은 큰 돌기와 잘 발달된 망목상 구조물을 가지고 있다.

88.9.10. 동구릉

흰무당버섯아재비 ●

***Russula pseudodelica* Lange**

무당버섯과

독버섯이다. 체질에 따라 중독된다. 여름과 가을에 혼합림 내에 단생 또는 군생하며, 한국·일본·유럽 등지에 분포한다.

갓은 지름 5~20cm로 초기에는 반구형이나 차차 깔때기형이 되며, 표면은 분말상이고 백색을 거쳐 황갈색이 된다. 조직은 두껍고 단단하며 백색이고 쓴맛이 조금 있다. 주름살은 끝붙은형으로 빽빽하고 백색을 거쳐 담황색~홍갈색이 된다. 대는 3~6×0.6~1cm로 짧고 위아래 굵기가 같으며 백색이다. 포자는 6~8×4.7~6μm로 난형이고, 표면에는 미세한 돌기가 있고 망목상이며, 포자문은 담황색~황갈색이다.

95.8.22. 오대산

개나리광대버섯 ●

Amanita subjunquillea **Imai**

광대버섯과

독버섯이다. 식·독 불명 버섯인 애광대버섯과 유사하므로 주의한다. 여름과 가을에 혼합림 내 땅 위에 단생 또는 산생하며, 한국·일본 등지에 분포한다.

갓은 지름 3~7.5cm로 초기에는 난형이나 차차 종형을 거쳐 볼록편평형이 된다. 갓 표면은 습할 때 점성이 있고 섬유상의 인편이 있으며, 담황색~황록색이고 때때로 백색 외피막 파편이 남아 있다. 조직은 백색이고 육질이며, 주름살은 떨어진형으로 빽빽하며 백색이다. 대는 5~11×0.6~1cm로 원통형이고 아래쪽으로 갈수록 굵어지며, 기부는 구근상이다. 속은 비어 있고 표면은 황색이며 섬유질 인편이 있고, 위쪽에는 막질의 백색 턱받이가 있고 기부에는 백색 대주머니가 있다. 포자는 7~7.6×5~5.6μm로 유구형이며, 표면은 평활하다.

95.8.22. 오대산

92.7.19. 영릉

검은띠말똥버섯 ●

Panaeolus subbalteatus **(Berk. et Br.) Sacc.**

먹물버섯과

독버섯이다. 중독 증상은 레이스말똥버섯보다 강하며 같은 환각 성분을 함유하고 있다. 여름과 가을에 쇠똥·말똥 위나 기름진 밭 등에서 속생 또는 군생하며, 한국·일본·인도·유럽·북아메리카·아프리카 등지에 분포한다.

갓은 지름 1~4cm로 초기에는 종형~원추형이나 차차 볼록편평형이 되고, 표면은 적갈색이나 건조하면 담갈색이 되며, 습하면 갓 둘레에 회갈색 환문이 생긴다. 주름살은 끝붙은형이고 빽빽하며 흑색이다. 주름살날에는 백색 분말이 있다. 대는 4.5~8×0.3~0.5cm로 표면은 담적갈색이며 대 위쪽에는 미세한 분말이 있다. 포자는 10.5~13×6.5~9μm로 레몬형이며, 표면은 평활하고, 포자문은 흑색이다.

90.5.5. 선정릉

두엄먹물버섯 ●

Coprinus atramentarius **(Bull. ex Fr.) Fr.**

먹물버섯과

독버섯이다. 알코올의 해독을 방해하는 코프린(coprine)을 함유하고 있으므로 술과 함께 먹으면 중독을 일으킨다. 봄부터 여름에 걸쳐 정원·목장·부식질이 많은 밭·길가 등에 군생 또는 속생하며, 전세계에 분포한다.

갓은 지름 3~8cm로 초기에는 난형이나 차차 종형~원추형이 된다. 표면은 초기에는 회백색이나 차차 회갈색이 되고 중앙부는 회황갈색이며 인편이 있고, 갓 둘레에는 방사상의 선과 주름이 있다. 주름살은 끝붙은형으로 빽빽하며, 갓 끝부분부터 액화 현상이 일어나 나중에는 대만 남게 된다. 대는 5~15×0.5~1.3cm로 속은 비어 있고, 표면은 백색이며, 대 아래쪽에는 내피막 흔적의 불완전한 턱받이가 있다. 포자는 8~12×4.5~6.5μm로 타원형이고, 표면은 평활하며 발아공이 있다. 포자문은 흑색이다.

90.8.15. 대성산

레이스말똥버섯 ●

***Panaeolus sphinctrinus* (Fr.) Quél.**

먹물버섯과

독버섯이다. 중독되면 중추신경계에 작용하여 흥분·환각·일시적 발광 등의 증상이 나타난다. 봄부터 가을까지 말똥·기름진 밭·퇴비 더미 주위에 속생하며, 한국·동남 아시아·유럽·북아메리카 등지에 분포한다.

갓은 지름 1.8~4cm로 종형~반구형이며, 표면은 평활하고 담회색이나 중앙부는 갈색이다. 갓 둘레는 톱니형이며, 갓 끝에는 백색의 내피막 일부가 붙어 있다. 주름살은 완전붙은형 또는 떨어진형으로 약간 빽빽하고 회색을 거쳐 흑색이 되며, 주름살 측면에는 반점이 있다. 대는 5~15×0.2~0.6cm로 속은 비어 있고, 표면은 회색~회갈색이며 백색 분말이 있다. 포자는 1.5~17×7~11μm로 레몬형이며, 표면은 평활하고, 포자문은 흑색이다.

86.7.13. 정릉

주름우단버섯 ●

Paxillus involutus (Batsch ex Fr.) Fr.

우단버섯과

독버섯이다. 충분히 요리하지 않고 먹거나 생식하면 중독을 일으킨다. 여름과 가을에 침엽수림·활엽수림 내 땅 위 또는 그루터기 등에 산생하며, 북반구에 널리 분포한다.

갓은 지름 4~10cm로 초기에는 편평형이나 차차 깔때기형이 되며, 표면은 평활하고 황토갈색이며 습하면 점성이 있다. 갓 둘레에는 가는 털이 있으며, 조직은 담황색이나 상처가 나면 갈색이 된다. 주름살은 내린형으로 빽빽하고, 담황색이나 상처가 나면 갈색으로 변한다. 대는 3~8×0.6~1.2cm로 표면은 황색이나 접촉하면 갈색으로 변한다. 포자는 7.5~10×4.5~6μm로 타원형이며, 표면은 평활하고 비아밀로이드이고, 포자문은 담황색이다.

89.7.14. 갑사

갈색고리갓버섯 ●

Lepiota cristata **(Bolt. ex Fr.) Kummer**

주름버섯과

독버섯이다. 조직은 얇고 불쾌한 고무 냄새가 난다. 여름과 가을에 정원·잔디밭·쓰레기장의 땅 위나 혼합림 내 습한 땅 위에 군생하며, 전세계에 분포한다.

갓은 지름 2~5cm로 초기에는 종형이나 차차 볼록편평형이 되며, 표면은 적갈색이며 성장하면 중앙부 이외의 표피가 갈라져 작은 인피를 형성하여 백색 조직이 보인다. 주름살은 떨어진형으로 빽빽하고 백색~담황색이다. 대는 20~25×0.3~0.4cm로 위아래 굵기가 같고, 표면은 초기에는 백색이나 차차 담갈색으로 변한다. 턱받이는 막질이며 초기에 없어진다. 포자는 5.5~8×3.4~4.5 μm로 마름모꼴이다.

95.8.22. 충남대

95.8.4. 광릉

88. 8. 23. 헌인릉

회갈색민그물버섯 ●

Phylloporus bellus **(Mass.) Corner var. *cyanescens* Corner**

그물버섯과

독버섯이다. 식용하면 체질에 따라 중독을 일으키는 경우가 있다. 여름과 가을에 활엽수 밑 땅 위에 단생 또는 군생하며, 한국·일본·북아메리카 등지에 분포한다.

갓은 지름 2~6cm로 초기에는 평반구형이나 차차 오목편평형이 되며, 표면은 평활하고 황갈색 ~ 적황색이며, 조직은 황갈색이나 상처가 나면 청색으로 변한다. 자실층은 내린형으로 약간 성기고 황색이다. 대는 길이 4~8×0.7~1.2cm로 위아래 굵기가 거의 같고, 표면은 갈황색이다. 포자는 10.5~14.5×4~5.5μm로 장타원형이며, 표면은 평활하다.

93.8.1. 보광사

94.9.18. 임업시험장

나팔버섯 ●

Gomphus floccosus **(Schw.) Sing.**

나팔버섯과

독버섯이다. 버섯 끓인 물을 버리면 먹을 수 있다고는 하나 중독될 수도 있으므로 주의해야 한다. 여름과 가을에 침엽수림·혼합림 내 땅 위에 단생 또는 군생하며, 한국·일본·중국·북아메리카 등지에 분포한다.

자실체는 높이 10~15cm 이고, 갓은 지름 4~12cm로 초기에는 뿔피리형이나 차차 깔때기형~나팔형이 되고 중심부는 대의 기부까지 뚫려 있다. 갓 표면은 등황색~적황색이며 자홍색의 큰 인편이 있고 갓 끝은 물결 모양이다. 자실층은 내린주름형이며 맥상이고 황백색이다. 대는 3~6×0.8~3cm로 기부를 제외하고는 속은 비어 있고, 표면은 담황색~담적황색이다. 포자는 11.5~15×6~7.5μm로 타원형이며, 표면에는 물결 모양의 미세한 돌기가 있고, 포자문은 담황색이다.

92.8.16. 보광사

89.8.11. 설악산

붉은싸리버섯 ●

Ramaria formosa **(Fr.) Quél.**

싸리버섯과

독버섯이다. 중독되면 설사·구토·복통을 일으킨다. 가을에 활엽수림 내 땅 위에 단생 또는 군생하며, 전세계에 분포한다.

자실체는 높이 5~20cm, 너비 10~20 cm로 싸리버섯보다 크고 산호형이며, 자실체 전체가 적색~담홍색이고 분지 끝은 황색이다. 조직은 백색이나 상처가 나면 적갈색으로 변하고 약간 쓴맛이 난다. 포자는 8~15×4~6μm로 장타원형이고, 표면에 미세한 사마귀 모양의 돌기가 있으며, 포자문은 황갈색이다.

95. 9. 24. 쌍곡계곡

노랑싸리버섯 ●

Ramaria flava (Schaeff. ex Fr.) Quél.

싸리버섯과

독버섯이다. 중독되면 설사·구토 등의 증상이 나타난다. 가을에 혼합림 내 땅 위에 발생하며, 한국·일본·유럽 등지에 분포한다.

자실체는 높이 10~20cm, 너비 7~15cm로 싸리버섯을 닮은 큰 버섯으로 산호형이며, 두꺼운 대를 제외하고 전체가 황색이나 성숙하면 유황색이 된다. 상처가 나거나 오래 되면 붉게 된다. 포자는 11~18×4~6.5μm로 장타원형이며, 표면에 사마귀 모양의 돌기가 있고, 포자문은 황갈색이다. 담자기는 4포자형이다.

88. 10. 2. 설악산

91.8.4. 동구릉

황토색어리알버섯 ●

Scleroderma citrinum Pers.

어리알버섯과

독버섯이다. 어리알버섯류 중에서 가장 흔히 발견되는 종이므로 주의한다. 여름부터 가을까지 숲 속 모래가 많은 땅이나 황무지·정원 등지에 발생하며, 전세계에 분포한다.

자실체는 지름 2~3cm로 유구형이고 높이보다 너비가 크며, 표피는 단층으로 두께는 약 0.2cm이며 황토색이고 절단하면 담홍색이 된다. 기본체는 백색이나 자주색을 거쳐 흑색이 된다. 포자는 지름 8~11μm로 흑갈색이고 구형이며, 표면에 망목상의 융기가 있다.

95.7.26. 관악산

양파어리알버섯 ●

Scleroderma cepa **Pers.**

어리알버섯과

독버섯이다. 여름부터 가을까지 숲 속이나 뜰의 나무 밑 땅 위에 군생하며, 한국·일본 등지에 분포한다.

자실체는 지름 2~4cm로 편평한 구형이며, 하부에 백색의 뿌리와 비슷한 균사속이 있다. 표피는 초기에는 백색~담황갈색이며 마찰하면 암적자색으로 되고, 성숙하면 가늘게 갈라져 작은 인편처럼 터지며, 두껍고 불규칙하게 터져 내부의 포자를 방출한다. 기본체는 회색~자흑색으로 된다. 포자는 10~14μm로 자갈색이고 구형이며, 뾰족한 가시가 있다.

95.8.17. 대청댐

95.8.22. 충남대

어리알버섯 ●

Scleroderma verrucosum Pers.

어리알버섯과

독버섯이다. 여름부터 가을까지 숲 속 땅 위에 군생하며, 한국·유럽·북아메리카 등지에 분포한다.

자실체는 지름 3~7cm로 유구형~편유구형이고 높이보다 너비가 크며, 표면은 황갈색이고, 암갈색 또는 회적갈색의 정공(頂孔)이 있다. 표피는 불규칙하게 갈라져 균열상을 이루고 성숙하면 흑색으로 된다. 아래쪽에는 짧은 대가 있고, 기부에 백색의 균사속이 있다. 외피막은 0.5~0.8mm이며 내부 기본체는 백색이나 차차 자흑색으로 된다. 포자는 10~14μm로 구형이며, 표면에 발아공이 있다.

90.8.10. 치악산

흰오뚜기광대버섯 ●

Amanita castanopsidis **Hongo**

광대버섯과

식·독 불명이다. 독버섯인 양파광대버섯과 형태가 매우 유사하다. 여름과 가을에 활엽수림·혼합림 내 땅 위에 단생하며, 한국·일본 등지에 분포한다.

갓은 지름 3~7cm로 초기에는 평반구형이나 차차 편평형이 되며, 자실체 전체가 백색이다. 갓 표면에는 높이 0.1~0.3cm의 뿔 모양의 돌기가 있고, 돌기 끝은 회색~담갈색이며, 갓 둘레에는 턱받이 조각이 남아 있다. 주름살은 떨어진형이고 약간 빽빽하며 백색이다. 주름살날은 분말상이다. 대는 7~8×0.5~0.9cm로 기부는 팽대하고 각진 돌기가 붙어 있고, 턱받이는 줄 모양 또는 거미줄 모양이며 쉽게 없어진다. 포자는 8~12×5.5~7μm로 장타원형이며, 표면은 평활하다.

90.8.10. 치악산

94. 8. 16. 용문산

노란대광대버섯 ●

Amanita flavipes Imai

광대버섯과

식·독 불명이다. 여름과 가을에 활엽수림·혼합림 내 땅 위에 단생 또는 군생하며, 한국·일본·구소련 등지에 분포한다.

갓은 지름 4~6.5cm로 초기에는 반구형이나 차차 편평형이 되며, 표면은 황갈색이고 황색의 분말상의 큰 외피막 파편이 산재하며, 습하면 다소 점성이 있다. 주름살은 떨어진형으로 백색~담황색이며 약간 빽빽하고, 주름살날은 분말상이다. 대는 7~10×0.7~1cm로 담황색이며 위쪽에는 막질의 턱받이가 있고 기부는 구근상이며, 황색의 분말상의 외피막 파편이 있다. 포자는 8~9×6~7 μm로 광타원형이며, 표면은 평활하다.

92.8.10. 용문산

붉은주머니광대버섯 ●

Amanita rubrovolvata Imai

광대버섯과

식·독 불명이다. 여름과 가을에 활엽수림·낙엽송림·혼합림 내 땅 위에 단생 또는 군생하며, 한국·일본·말레이시아 등지에 분포한다.

갓은 지름 2.5~3.5cm로 초기에는 반구형이나 차차 평반구형이 된다. 갓 표면은 등황색~적황색이고 같은 색의 분말상 외피막 파편이 있으며, 갓 둘레에는 방사상 홈선이 있고 조직은 백색~담황색이다. 주름살은 떨어진형으로 약간 빽빽하며 초기에는 백색이나 차차 담황색이 된다. 대는 3.5~11×0.4~0.6cm로 기부는 구근상이고, 적황색의 분말상 인편이 불완전한 고리를 이루며, 대 위쪽에는 담황색의 턱받이가 있다. 포자는 7~8.5×6~7.5μm로 유구형(類球形)이며, 표면은 평활하다.

92.7.28. 신륵사

잿빛가루광대버섯 ●

***Amanita griseofarinosa* Hongo**

광대버섯과

식·독 불명이다. 여름과 가을에 활엽수림·침엽수림 내 땅 위에 단생하며, 한국·일본 등지에 분포한다.

갓은 지름 3~6.5cm로 초기에는 반구형이나 차차 편평형이 된다. 갓 표면은 담회색 바탕에 회색~암갈회색의 분말상 또는 솜털 모양의 외피막 파편이 있고, 갓 끝은 백색의 내피막 파편이 부착되어 있으며, 조직은 백색이다. 주름살은 떨어진형으로 약간 빽빽하며 백색이다. 주름살날은 분말상이다. 대는 7~12×0.3~0.8cm로 표면은 담회색이고, 갓과 같은 색의 분말상 또는 솜털 모양의 외피막 파편이 있으며, 백색 턱받이가 있으나 소실되기 쉽다. 포자는 9.5~11.5×7.5~9.5μm로 타원형~유구형이며, 표면은 평활하다.

점박이광대버섯

Amanita ceciliae (Berk. et Br.) Bas

광대버섯과

식·독 불명이다. 여름과 가을에 침엽수림·혼합림 내 땅 위에 단생하며, 한국·일본·중국·오스트레일리아 등지에 분포한다.

갓은 지름 4~12cm로 초기에는 반구형이나 차차 편평형이 되며, 표면은 황갈색 바탕에 회록색~회색의 외피막 파편이 있고, 갓 둘레에는 방사상의 홈선이 있으며, 조직은 백색이다. 주름살은 떨어진형이며 약간 빽빽하고, 초기에는 백색이나 차차 회색 분말이 나타난다. 대는 7.5~13×1.5~2cm로 속은 비어 있고, 표면은 백색이며 분말상 또는 섬유상의 회색 인편이 있다. 기부는 약간 굵고 그 위에 회색 분말상의 불완전한 환문이 2~4개 있다. 포자는 11~15μm로 구형이고, 포자 속에 유구(油球)가 있으며, 표면은 평활하다.

.15. 융건릉

94.7.17. 공릉

애우산광대버섯 ●

Amanita farinosa **Schw.**

광대버섯과

식 · 독 불명이다. 여름과 가을에 낙엽성 침엽수림에 발생하며, 한국 · 동아시아 · 유럽 · 북아메리카 등지에 분포한다.

갓은 지름 3~7cm로 종형이나 차차 반반구형~편평형으로 되고, 갓 끝에는 방사상의 선이 있고 엷은 회색~회갈색이며 회색의 분질물로 덮여 있다. 주름살은 떨어진형이며 약간 빽빽하고 백색이다. 대는 2~7×0.3~1cm로 기부는 구근상이고, 표면은 유백색이며 대주머니는 없고 회색의 분질물만 남아 있다. 포자는 6~9×4~8μm로 유구형~타원형이며, 표면은 평활하다.

95.8.31. 충남대

95.9.7. 충남대

87.8.18. 헌인릉

암적색분말광대버섯 ●

***Amanita rufoferruginea* Hongo**

광대버섯과

식·독 불명이다. 여름과 가을에 적송림·혼합림 내의 땅 위에 군생하며, 한국·일본·중국 등지에 분포한다.

갓은 지름 4.5~9cm로 반구형이며, 표면에는 황적갈색의 분말상 인편이 있어 접촉하면 묻어난다. 주름살은 떨어진형으로 빽빽하며 백색이다. 대는 9~12×0.7~2cm로 위쪽에 백색 턱받이가 있으나 탈락하기 쉽다. 표면에는 등갈색의 분말상 인편이 빽빽하게 퍼져 있어 접촉하면 묻어나고, 기부는 팽대하며 등갈색의 인편이 바퀴 모양으로 남는다. 포자는 7.5~9×7~8.1μm로 구타원형이며, 표면은 평활하다.

88.9.18. 광릉

애광대버섯 ●

Amanita citrina **(Schaeff.) Pers. var. *citrina***

광대버섯과

식·독 불명이다. 그러나 맹독버섯인 알광대버섯(*Amanita phalloides*)과 형태가 유사하여 혼동되기 쉬우므로 주의해야 한다. 여름과 가을에 침엽수림·활엽수림·혼합림 내 땅 위에 단생하며, 북반구 온대 이북·오스트레일리아 등지에 분포한다.

갓은 지름 3~8cm로 초기에는 반구형이나 차차 편평형이 되며, 황회색의 파편이 붙어 있다. 주름살은 떨어진형으로 빽빽하며 백색이다. 대는 5~12×0.8~1.2cm로 속은 비어 있고 표면은 황색이며, 위쪽에 막질의 담황색 턱받이가 있다. 기부는 구근상이며, 그 위에 외피막 일부가 환상(環狀)의 대주머니를 이룬다. 포자는 7.5~10μm로 구형이며, 표면은 평활하다.

95.8.12. 청계산

흰가시광대버섯

***Amanita virgineoides* Bas**

광대버섯과

식·독 불명이다. 독성분은 확인되지 않았으나, 맹독성 버섯이 많은 광대버섯 속에 속하므로 식용하지 않는 것이 좋다. 여름부터 가을까지 혼합림 내 땅 위에 단생하는 균근성균으로, 북반구 일대에 분포한다.

갓은 지름 9~20cm로 초기에는 구형~반구형이나 차차 편평형이 되며, 표면에는 분말상의 뾰족한 인편이 많이 있고, 전체가 백색이다. 조직은 백색이며, 주름살은 끝붙은형~떨어진형으로 약간 빽빽하며 백색~담황색이다. 대는 12~22×1.3~2.5cm로 백색이며 속은 비어 있고, 표면은 분말상의 인편이 붙어 있으며, 기부는 곤봉형으로 위쪽에는 막질의 큰 턱받이가 있다. 포자는 8~10.5×6~7.5μm로 타원형이며, 표면은 평활하다.

95. 8. 12. 청계산

혈색무당버섯

Russula sanguinea **(Bull.) Fr.**

무당버섯과

식·독 불명이다. 여름부터 가을까지 소나무숲 모래질이 많은 땅 위에 군생하며, 북반구 일대·오스트레일리아 등지에 널리 분포한다.

갓은 지름 4~10cm로 초기에는 평반구형이나 차차 오목편평형으로 되고 습하면 점성이 있으며, 표면은 혈홍색이다. 갓 둘레는 평활하고 표피는 쉽게 벗겨지지 않는다. 주름살은 끝붙은형이며 빽빽하고 너비가 좁으며, 초기에는 백색이나 차차 담황색이 된다. 조직은 백색이며 매운맛이 난다. 대는 8~13×0.9~3cm로 초기에는 백색이나 차차 백홍색이 된다. 포자는 7~8×6~6.5μm로 유구형이며, 표면에 많은 가시가 있다.

93. 8. 9. 백양산

93. 9. 12. 동구릉

흰꽃무당버섯 ●

Russula alboareolata **Hongo**

무당버섯과

식·독 불명이다. 이른 여름부터 가을까지 활엽수림 내 땅 위에 산생하며, 한국·일본 등지에 분포한다.

갓은 지름 5~8cm로 초기에는 반구형이나 차차 오목편평형이 되며, 표면은 백색이며 미세한 분말이 있고 습하면 점성이 있다. 생장하면서 표피가 갈라지고, 갓 끝에는 방사상의 돌기선이 생긴다. 주름살은 떨어진형이며 약간 빽빽하고 백색이다. 대는 2~5.5×0.7~1.2cm로 표면은 세로줄이 있고 백색이다. 포자는 6~8×5~7μm로 유구형이며, 표면에는 돌기가 있다.

95. 8. 1. 충남대

담갈색무당버섯 ●

***Russula compacta* Frost et Peck apud Peck**

무당버섯과

식・독 불명이다. 여름부터 가을까지 활엽수림 내 땅 위에 군생하며, 한국・일본・중국・북아메리카 등지에 분포한다.

갓은 지름 7~10cm로 초기에는 반구형이나 차차 깔때기형이 되며, 표면은 점성이 없고 적갈색이며, 주름살은 떨어진형으로 빽빽하고 백색이나 상처가 나면 담적갈색으로 얼룩진다. 대는 4~6×1~1.3cm로 속이 비어 있고 세로줄이 있으며, 초기에는 백색이나 차차 적갈색이 된다. 포자는 8~9×7~8μm로 유구형이며, 표면에는 작은 돌기와 망목상(網目狀)의 연락사(連絡絲)가 있다.

86.10.5. 광릉

홍색애기무당버섯 ●

Russula fragilis **(Pers. ex Fr.) Fr.**

무당버섯과

식・독 불명이다. 여름과 가을에 활엽수림・침엽수림 내 땅 위에 군생하며, 한국・일본・중국・유럽・북아메리카 등지에 분포한다.

갓은 지름 2.5~5cm로 초기에는 평반구형이나 차차 깔때기형이 되며, 표면은 습하면 점성이 있고, 적자색이나 중앙부는 자적색을 거쳐 황록색으로 변하며, 조직은 백색이고 맵다. 주름살은 완전붙은형으로 빽빽하며 백색이고, 주름살날은 톱니형이다. 대는 2.3~5×0.6~1cm로 속은 비어 있고, 표면은 백색이다. 포자는 8~9μm로 유구형이며, 표면은 망목상이고, 포자문은 백색이다.

88. 7. 21. 헌인릉

노랑무당버섯 ●

Russula flavida Frost et Peck apud Peck

무당버섯과

식 · 독 불명이다. 자실체 전체가 황색으로 아름다우나, 불쾌한 냄새가 난다. 여름과 가을에 적송림 · 침엽수림 · 활엽수림 내 땅 위에 단생 또는 군생하며, 한국 · 일본 · 북아메리카 등지에 분포한다.

91. 7. 27. 칠갑산

갓은 지름 3~8.5cm로 평반구형이나 차차 깔때기형이 되고, 표면은 황색이며 분말상이다. 조직은 백색이고, 주름살은 떨어진형 또는 끝붙은형이며 약간 빽빽하고 백색이다. 대는 3~8×0.8~2.2cm로 짧고, 위아래 굵기가 같으며, 표면은 분말상이다. 포자는 6.5~9×6~7.5μm로 구형이며, 표면은 돌기가 있는 망목상이다.

89.7.6. 내원사

박하무당버섯 ●

Russula albonigra **(Krombh.) Fr.**

무당버섯과

식·독 불명이다. 여름과 가을에 활엽수림·침엽수림 내 땅 위에 단생하며, 한국·일본·유럽 등지에 분포한다.

갓은 지름 4~10cm로 초기에는 평반구형이나 차차 편평형을 거쳐 깔때기형이 된다. 갓 표면은 회갈색을 거쳐 흑갈색~흑색으로 변하고, 주름살은 내린형으로 빽빽하고 백회색이나 상처가 나면 흑색으로 변한다. 대는 3~6×1.5~2cm로 아래쪽이 약간 가늘고 갓과 같은 색이며 박하맛이 난다. 포자는 7~9×7~8 μm로 표면은 작은 돌기가 있고 망목상이며, 포자문은 백색~담황색이다.

88.9.10. 동구릉

89.7.17. 봉선사

자줏빛무당버섯 ●

***Russula violeipes* Quél.**

무당버섯과

식·독 불명이다. 식용버섯인 청머루무당버섯과 비슷하게 생겼으므로 주의해야 한다. 여름과 가을에 침엽수림·활엽수림·잡목림 내 땅 위에 군생하며, 한국·일본·유럽 등지에 분포한다.

갓은 지름 3~9cm로 초기에는 반구형이나 차차 편평형을 거쳐 오목편평형이 된다. 갓 표면은 분말상이며 습하면 점성이 있고, 처음에는 전체가 황색이나 차차 자적색~자주색 반점이 생기며, 갓 끝은 물결 모양이다. 주름살은 짧은내린형 또는 끝붙은형으로 빽빽하며 담황색이다. 대는 4~10×0.6~2cm로 표면은 분말상이며 백색 또는 담황색 바탕에 담자홍색의 무늬가 있고, 조직은 백색이다. 포자는 6.5~9×6~8μm로 난형~유구형이고, 표면은 망목상이다.

95.8.12. 청계산

회갈색무당버섯 ●

***Russula sororia* (Fr.) Romell**

무당버섯과

식·독 불명이다. 여름부터 가을까지 도로변·정원·숲 속 땅 위에 발생하며, 북반구 일대에 분포한다.

갓은 지름 3~8cm로 초기에는 평반구형이나 차차 오목편평형으로 되고 습하면 점성이 있으며, 갓 둘레에는 돌기선이 있고 담회갈색~담갈색을 띤다. 조직은 백색이고 잘 부서지며 다소 불쾌한 냄새가 난다. 주름살은 끝붙은형으로 약간 빽빽하거나 성기며 백색이다. 대는 2~6×0.6~1.2cm로 위아래 굵기가 비슷하며, 표면은 백색이나 아래쪽은 다소 회색이고 평활하며 잘 부서진다. 포자는 7~8×6~6.5μm로 유구형이며, 표면에 돌기가 있고 불완전한 망목상이다.

95.8.12. 청계산

95.8.15. 광릉

산속그물버섯아재비 ●

***Boletus pseudocalopus* Hongo**

그물버섯과

식·독 불명이다. 식용버섯으로 알려졌으나, 독버섯으로 의심되므로 주의한다. 여름부터 가을까지 혼합림 내 땅 위에 발생하며, 한국·일본 등지에 분포한다.

갓은 지름 6~16cm로 초기에는 평반구형이나 차차 편평형이 된다. 갓 표면은 담황갈색~담홍갈색으로 초기에는 솜털이 있으나 차차 과립상으로 되고, 건조하거나 습하면 다소 점성이 있으며 평활하다. 갓 끝은 말린형이고, 조직은 황색이나 자르면 녹청색으로 약간 변한다. 관공은 바른형~내린형으로 황색이나 상처가 나면 청색으로 변한다. 대는 7~10×1~2cm로 비교적 굵고, 표면은 황색 바탕에 암홍색의 가는 분말이 얼룩을 이루어 더럽게 보인다. 대 위쪽에는 가는 망목이 있다. 포자는 10~12.5×3.5~5μm로 방추형이며, 표면은 평활하다.

95.8.12. 청계산

좀노란그물버섯 ●

Boletellus obscurecoccineus
(v. Höhn.) Sing.

귀신그물버섯과

95.8.12. 청계산

식·독 불명이다. 여름부터 가을까지 활엽수림·침엽수림 내 땅 위에 단생 또는 군생하며, 전세계에 분포한다.

갓은 지름 3~6cm로 평반구형~편평형이다. 표면은 적등색~자홍색이고, 솜털상~인편상으로 가늘게 갈라져 있다. 조직은 담황색이나 공기에 닿으면 청색으로 약간 변하며 쓴맛이 있다. 관공은 홈형이며 담황색~황록색이나 차차 녹황색이 되고, 관공구는 다각형이다. 대는 3~7.5×0.5~2cm로 기부가 굵고, 표면은 담홍색이며 섬유 무늬가 있고, 위쪽에는 담홍색 인편, 기부에는 솜털상의 백색 균사가 있다. 포자는 14~20×5~7.5μm로 장타원형이고 희미한 세로줄이 있으며, 포자문은 녹갈색이다.

86. 7. 29. 서울산업대

질산무명버섯 ●

Hygrocybe nitrata **(Pers. ex Pers.) Wünsche**

벚꽃버섯과

식·독 불명이다. 주로 여름에 잔디밭이나 풀밭에 군생하며, 한국·일본·유럽 등지에 분포한다.

갓은 지름 2.5~4cm로 초기에는 오목반구형이나 차차 오목편평형이 되며, 표면은 회갈색이며 방사상 선이 있고, 조직은 담황색이고 질산 냄새가 난다. 주름살은 끝붙은형이며 약간 빽빽하고 담갈색이다. 대는 3.5~6×0.6~0.7cm로 속은 비어 있고 백황갈색이다. 포자는 7~9×4~6μm로 타원형~난형이며, 표면은 평활하다.

95. 8. 31. 충남대

87.8.18. 헌인릉

가랑잎애기버섯 ●

***Collybia peronata* (Bolt. ex Fr.) Kummer**

송이과

식·독 불명이다. 여름부터 가을까지 숲 속 땅 위에 속생 또는 군생하는 낙엽분해균이며, 북반구 일대·오스트레일리아·유라시아 등지에 분포한다.

갓은 지름 1.5~3.5cm로 초기에는 반구형이나 차차 볼록편평형이 된다. 갓 표면에는 방사상의 주름이 있고 황갈색~담적갈색이며, 습하면 갓 둘레에 선이 나타난다. 조직은 얇고 질기며 매운맛이 난다. 주름살은 끝붙은형~완전붙은형이나 차차 끝붙은형이 되고, 너비 0.2~0.4 cm로 성기고 쓴맛이 있으며, 담황갈색이다. 대는 길이 2.5~5cm로 표면은 녹황색~황갈색이고 속이 차 있으며, 기부는 담황색 털로 싸여 있다. 포자는 7.5~11×3.5~4μm로 타원형이며, 표면은 평활하다.

91.9.29. 치악산

비단빛깔때기버섯 ●

***Clitocybe candicans* (Pers. ex Fr.) Kummer**

송이과

식·독 불명이다. 그러나 깔때기버섯속의 백색을 띤 버섯에는 독성분 무스카린(muscarine)을 함유하는 버섯이 있는 것으로 판명되었으므로 먹지 않는 것이 안전하다. 가을에 활엽수림 내 낙엽 위에 군생하며, 한국·일본·유럽·북아메리카 등지에 분포한다.

자실체 전체가 백색이며, 갓은 지름 2~4cm로 초기에는 평반구형이나 차차 오목편평형이 되며, 표면은 평활하고, 마르면 비단 같은 빛이 난다. 주름살은 완전붙은형 또는 약간 내린형으로 좁고 빽빽하며 백색이다. 대는 1.5~2.5cm이고 기부에는 짧은 균사(菌絲)가 있으며 대개 굽어 있다. 포자는 3.5~4.5×2~2.7μm로 타원형이며, 표면은 평활하다.

89.7.17. 광릉

앵두낙엽버섯 ●

***Marasmius pulcherripes* Peck**

송이과

식·독 불명이다. 여름부터 가을까지 숲 속 낙엽 위에 다수 군생 또는 산생하며, 한국·일본·유럽·북아메리카 등지에 널리 분포한다.

갓은 지름 0.7~1.5cm로 방추형~반구형이고, 표면은 담홍색~자홍색이며, 방사상 홈선이 있다. 주름살은 완전붙은형이며 약간 성기고(주름살 수 16~18개) 백색~담홍색이다. 대는 3~6×0.1~0.2cm로 철사 모양이며, 흑갈색이다. 포자는 11~15×3.5~4μm로 곤봉형이며, 표면은 평활하다.

87.8.21. 광릉

95.7.24. 충남대

여우꽃각시버섯 ●

Leucocoprinus fragilissimus **(Rav.) Pat.**

주름버섯과

식·독 불명이다. 여름부터 가을까지 숲 속이나 정원·길가·온실의 땅 위에 단생하며, 동아시아·유럽·북아메리카 등지에 분포한다.

갓은 지름 2~4cm로 초기에는 종형이나 평반구형을 거쳐 볼록편평형이 된다. 표면에는 방사상의 선명한 홈선이 있으며 백색이고, 중앙부에는 가는 인편이 있고 황색이다. 주름살은 떨어진형으로 성기고 백색이다. 대는 4~8×0.2~0.3cm로 황색이며, 기부는 팽대되고 속은

88.9.4. 영릉

비어 있다. 턱받이는 황색의 막질이며 턱받이 아래쪽의 대에는 황색의 가는 털이 있다. 포자는 9~12.5×6~8.5μm로 레몬형이며, 발아공(發芽孔)이 있다.

94. 7. 10. 용문산

95. 8. 23. 오대산

여우갓버섯 ●

Leucoagaricus rubrotinctus (Peck) Sing.

주름버섯과

식·독 불명이다. 여름부터 가을까지 숲 속·정원·대나무 밭 등의 땅 위에 속생 또는 군생 또는 단생하며, 한국·일본·북아메리카 등지에 분포한다.

갓은 지름 5~8cm로 초기에는 반구형이나 차차 볼록편평형이 된다. 갓 표면은 암적갈색의 벨벳 모양인데, 표피가 터져 인편으로 되어 있다. 조직은 백색이고, 주름살은 끝붙은형이며 빽빽하다. 대는 8~12×0.4~0.6cm로 속은 비어 있고 백색이며, 기부는 팽대되어 있다. 턱받이는 백색의 막질이며 가장자리는 붉은색을 띤다. 포자는 7~8×4~4.5μm로 난형~방추상 타원형이다.

88. 7. 16. 치악산

백조갓버섯 ●

***Lepiota cygnea* J. Lange**

주름버섯과

89. 7. 17. 봉선사

식 · 독 불명이다. 여름과 가을에 침엽수림 · 활엽수림 · 혼합림 내 땅 위에 단생 또는 산생하며, 한국 · 일본 · 동아시아 · 유럽 · 북아메리카 등지에 분포한다.

갓은 지름 1.5~1.9cm로 초기에는 평반구형이나 차차 볼록편평형이 되고, 표면은 비단상 광택이 있고 백색이며, 중앙부는 담황색이다. 주름살은 떨어진형으로 빽빽하고 백색이다. 대는 2~4×0.2~0.4cm로 표면은 백색이며 기부는 약간 팽대하고, 막질의 턱받이는 대의 중앙에 있다. 포자는 7~8×4~5μm로 타원형이며, 표면은 평활하고, 포자문은 백색이다. 날시스티디아는 25~50×8~12μm이다.

89.9.9. 치악산 구룡사

보라꽃외대버섯 ●

***Rhodophyllus violaceus* (Murr.) Sing.**

외대버섯과

식·독 불명이다. 봄부터 여름에 걸쳐 혼합림·활엽수림 내 땅 위에 단생 또는 군생하며, 한국·일본·북아메리카 등지에 분포한다.

갓은 지름 2~7cm로 초기에는 원추형이나 차차 볼록편평형이 된다. 갓 표면은 농자갈색·회자갈색·흑자색 등이며, 초기에는 섬유상이나 차차 가는 인편이 되어 덮이고, 조직은 담회색~담자색이나 차차 백색이 되고 무미무취이다. 주름살은 완전붙은형으로 빽빽하며 회백색을 거쳐 담홍색이 된다. 대는 3~12×0.5~1.5cm로 위아래 굵기가 거의 같고, 표면은 갓보다 옅은 색이고 섬유상의 세로선이 있으며, 기부에는 백색 균사가 있다. 포자는 8~10.5×6~7μm로 다면체이고, 포자문은 담홍색이다.

87.8.25. 서울산업대

검은외대버섯 ●
Rhodophyllus ater **Hongo**

외대버섯과

식·독 불명이다. 초여름에 잔디밭 땅 위에 산생 또는 군생하며, 한국·일본 등지에 분포한다.

갓은 지름 1~4cm로 초기에는 평반구형이나 차차 오목편평형이 되고, 표면은 흑갈색~흑색이며 아주 미세한 인편이 있으며, 습하면 방사상의 홈선이 있다. 주름살은 완전붙은형 또는 내린형으로 성기고 담회색을 거쳐 담홍색이 된다. 대는 3~6.2×0.1~0.3cm로 속은 비어 있고 대부분 뒤틀려 있으며, 표면은 평활하고 회갈색~담흑갈색이며 섬유상이

87.8.25. 서울산업대

고, 기부에는 백색 균사가 있다. 포자는 10.3~11.5×7.5~8μm로 다면체이고, 포자문은 담홍색이다.

90.5.20. 동구릉

민꼭지버섯 ●

***Rhodophyllus omiensis* Hongo**

외대버섯과

식·독 불명이다. 여름과 가을에 활엽수림·혼합림·대나무 숲 땅 위에 단생 또는 군생하며, 한국·일본 등지에 분포한다.

갓은 지름 2~6.5cm로 초기에는 원추형이나 차차 편평형이 되고, 표면은 섬유상이고 방사상의 선이 있으며, 갈황회색이나 중앙부는 짙은 색이다. 주름살은 떨어진형으로 약간 빽빽하며 백색을 거쳐 담홍색이 된다. 대는 5~10×0.3~0.6cm로 속은 비어 있고, 표면은 갓보다

90.5.20. 동구릉

옅은 색이며 섬유상이다. 포자는 11~13×9~11μm로 구형에 가까운 다각형이며, 포자문은 담홍색이다.

95.8.23. 오대산

적갈색애주름버섯 ●

Mycena haematopoda **(Pers. ex Fr.) Kummer**

송이과

식·독 불명이다. 여름과 가을에 숲 속의 말라 죽은 활엽수나 그루터기에 군생 또는 속생하며, 전세계에 분포한다.

갓은 지름 1~4cm로 원추형~종형이며 표면은 자갈색~적갈색이고, 갓 끝은 톱니형이고 갓 둘레에는 방사상 선이 있다. 주름살은 완전붙은형이며 약간 성기고 백색이나 차차 적갈색으로 얼룩진다. 대는 4~10×0.1~0.25cm로 속은 비어 있고 표면은 갓과 같은 색이다. 상처가 나면 붉은 액체가 나오고, 기부는 백색 균사로 덮여 있다. 포자는 7.5~10×7.5 μm로 타원형이며, 표면은 평활하다.

89.7.2. 동구릉

88.9.26. 영릉

비듬땀버섯 ●

***Inocybe lacera* (Fr. ex Fr.) Kummer**

끈적버섯과

식·독 불명이다. 그러나 땀버섯속에는 독버섯이 여러 종 있으므로 주의해야 한다. 여름부터 가을까지 모래밭이나 침엽수림 내 모래가 많은 곳에 발생하며, 북반구 일대에 분포한다.

갓은 지름 1~4cm로 초기에는 평반구형이나 차차 볼록편평형이 되며, 표면은 섬유상의 작은 인편으로 덮이며 암갈색이다. 주름살은 끝붙은형~완전붙은형이며 성기고, 초기에는 백색이나 차차 황토색~회갈색이 된다. 대는 2~6×0.4~0.6cm로 섬유상이고 갓과 같은 색이며, 기부는 약간 팽대되어 있다. 포자는 11.5~15×5~6μm로 원통형~장타원형이고, 표면은 평활하다.

95.8.4. 광릉

89.6.25. 태릉

은행잎우단버섯 ●

***Paxillus panuoides* (Fr. ex Fr.) Fr.**

우단버섯과

식·독 불명이다. 여름부터 가을까지 소나무의 그루터기나 목조 건축물에 다수 발생하며, 전세계에 분포한다.

갓은 지름 2~12cm로 불규칙한 조개형이다. 갓 표면은 탁한 황갈색으로 초기에는 가는 털로 덮여 있으나 차차 매끄럽게 변한다. 갓 둘레는 안쪽으로 말려 물결 모양을 이룬다. 조직은 연하여 습할 때 채집하면 잘 물러지며, 백색~담황색이다. 주름살은 내린형으로 성기고, 기부에서부터 방사상으로 배열되어 있고 3~5회 분지하며, 주름살 사이에는 연락맥이 있다. 대는 없거나 짧으며, 대개는 갓이 직접 기주목에 붙어 난다. 포자는 4~6×2.5~4μm로 타원형이며, 표면은 평활하다. 포자문은 황토색이다.

92.7.26. 공릉

꽃잎우단버섯 ●

Paxillus curtisii Berk. in Berk. et Curt.

우단버섯과

식·독 불명이다. 여름과 가을에 소나무나 침엽수의 썩은 나무·통나무 등에 중생하며, 한국·일본·동아시아·북아메리카 등지에 분포한다.

갓은 지름 2~7cm로 반원형 또는 부채형이며, 표면은 평활하고 황색을 띠고, 갓 끝은 말린형이다. 주름살은 내린형으로 약간 빽빽하고 농황색~등황색이며 방사상으로 배열되어 있고, 분지와 함께 수축되어 측면에 주름이 있다. 대는 거의 없고 직접 기주에 부착되어 있다. 포자는 3~4×1.5~2μm로 원형이며, 표면은 평활하고 비아밀로이드이고, 포자문은 황색이다.

젤리귀버섯 ●

Crepidotus mollis **(Schaeff. ex Fr.) Kummer**

귀버섯과

식·독 불명이다. 여름부터 가을까지 숲 속 각종 나무의 그루터기나 썩은 가지에 겹쳐서 중생하며, 북반구 일대·오스트레일리아 등지에 분포한다.

갓은 지름 1~5cm로 조개형~신장형이며, 갓 표면은 담황색이고 습하면 백색이나 차차 황갈색이 되며 점성이 있고, 갓 둘레는 물결 모양이다. 조직은 백색이며 연하고 물기가 많다. 주름살은 백색이나 차차 암황갈색이 되며 내린형으로 빽빽하고 얼룩이 있고 얇으며 한 점에서 묶여 있다. 대는 잘 발달하지 않고, 가는 털로 덮여 있으며, 대가 없기도 하다. 포자는 8.3×5.5μm로 갈황색의 타원형이며, 표면은 평활하다.

95. 7. 20. 대전 보문산

호박꾀꼬리버섯

Cantharellus friesii **Quél.**

꾀꼬리버섯과

식·독 불명이다. 여름과 가을에 이끼가 난 땅이나 활엽수림 내 땅 위에 발생하며, 한국·일본·중국·유럽·북아메리카 등지에 분포한다.

갓은 지름 1~3cm로 초기에는 원추형~편평형이나 차차 깔때기형이 되고, 갓 둘레는 불규칙한 파상이며 말린형이다. 표면은 매끄럽고 분말상이며 황등색 갈색이고, 자실층은 망목상으로 내린형이고 약간 빽빽하며 황색 또는 적황색~담홍색이다. 대는 1~3×0.3~1cm로 원통형이고, 털이 있고 매끄러우며 갓와 같은 색이고 단단하나 속은 비어 있다. 조직은 백색~청황색으로 섬유상이며 부서지기 쉽다. 포자는 8.5~10.5×4~5μm로 타원형~난형이며, 표면은 평활하고 유구가 있다.

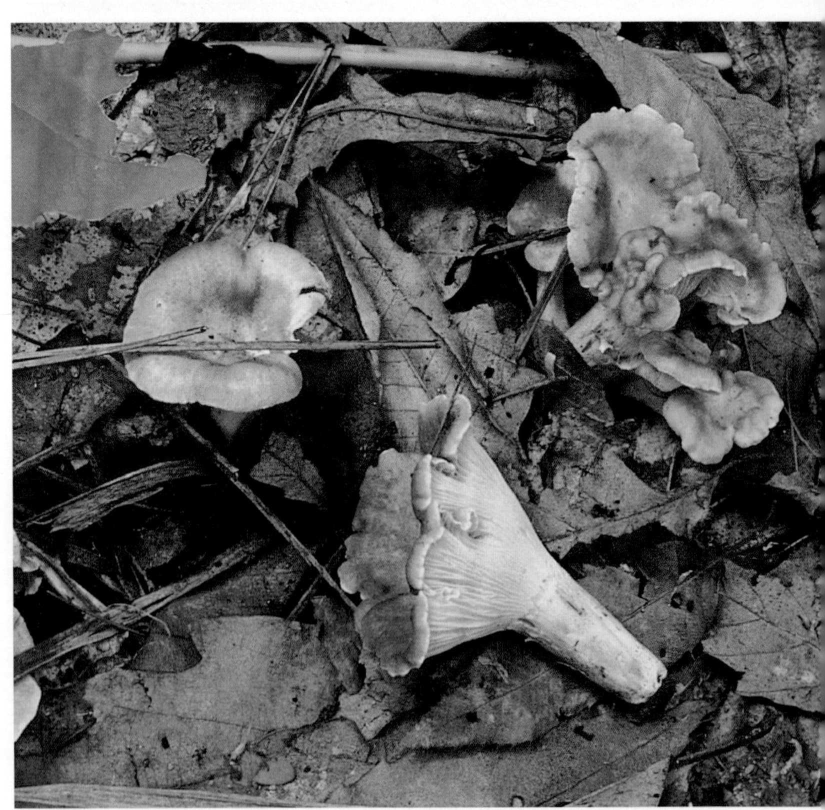

87.7.25. 선정릉

95.8.22. 오대산

다박싸리버섯 ●

***Ramaria flaccida* (Fr.) Ricken**

싸리버섯과

식·독 불명이다. 여름부터 가을까지 침엽수림·활엽수림 내 낙엽 위나 부러진 나뭇가지 위에 군생하며, 전세계에 분포한다.

자실체는 높이 3~10cm, 너비 3~8cm로 싸리형이며, 초기에는 회황색~적황색이나 차차 선갈색~황갈색으로 된다. 가지는 많고 빽빽하며 1~3회 분지하여 안쪽으로 굽는다. 조직은 백색~담황색이고 매운맛이 난다. 포자는 6~9×3~5 μm로 난형~타원형이고, 표면에 미세한 돌기가 있으며, 포자문은 담황적색이다.

88.7.21. 헌인릉

아교뿔버섯 ●

Calocera cornea **(Batsch ex Fr.) Fr.**

붉은목이과

식·독 불명이다. 여름부터 가을까지 침엽수·활엽수의 고목에 군생(群生)하며, 전세계에 분포한다.

자실체(子實體)는 높이 1~1.5cm로 뿔형이며, 젤라틴질이어서 잘 부스러지지 않는다. 전체가 황색이고, 한 개 또는 여러 개씩 다발로 발생하며 가지를 친다. 자실층(子實層)은 가지 전면에 발달하며, 담자기(擔子器)는 Y형이다. 포자(胞子)는 8~9×3.5~5μm로 무색의 난형이며, 표면은 평활하다. 발아 전에 격막이 생겨 2~4개의 세포가 된다.

86.7.17. 서오릉

싸리아교뿔버섯 ●

Calocera viscosa (Pers. ex Fr.) Fr.

붉은목이과

식·독 불명이다. 여름부터 가을까지 침엽수 고목(枯木) 위나 부러진 나뭇가지 위에 단생(單生) 또는 산생(散生)하며, 북반부 온대 이북에 분포한다.

자실체는 높이 3~5cm로 싸리버섯과 닮았고 나뭇가지 모양이며, 반투명한 젤라틴질이나 건조하면 각질이 되어 단단해진다. 전체가 선명한 등황색이며, 자실층은 전면에 발달한다. 담자기는 Y형이다. 포자는 7~11×3.5~4μm로 장타원형이며, 표면은 평활하다. 발아 전에 1~3개의 격막이 생긴다.

95.8.4. 광릉

95.8.12. 청계산

혀버섯 ●

***Guepinia spathularia* (Schw.) Fr.**

붉은목이과

식·독 불명이다. 연중 습도가 높은 계절에 침엽수의 고목에 군생하며, 전세계에 분포한다.

자실체는 높이 1~1.5cm로 거의 주걱형이며 젤라틴질이고, 표면은 등황색이며 건조하면 한쪽은 백색으로 된다. 자실층은 등황색 면에 발달하며, 담자기는 Y형이다. 포자는 7~10.5×3.5~4μm로 난형~소시지형이고 2개의 가지 끝에 붙으며, 발아 전에 1개의 격막이 생긴다. 포자문(胞子紋)은 황색이다.

95. 8. 12. 청계산

쇠뜨기버섯 ●

Ramariopsis kunzei (Fr.) Donk

국수버섯과

식·독 불명이다. 여름부터 가을까지 숲 속이나 들판 또는 썩은 나뭇가지 위에 발생하며, 전세계에 분포한다.

자실체는 높이 2~12cm로 백색 또는 백황색이나 담적색을 띠기도 한다. 질기고 탄력성이 있다가 쉽게 부서지며, 대와 주된 가지의 기부에는 짧은 융털이 있다. 대는 길이 0.5~2.5cm이며, 대가 없는 것도 있다. 가지는 3~5회 분지하나 위쪽은 2회 분지하여 직립하며 빗자루 모양이고, 기부는 황색~담홍색이다. 포자는 3~5.5×2.3~4.5μm로 광타원형~유구형이고, 가는 돌기와 사마귀가 있으며, 1개의 유구가 있다.

긴꼬리말불버섯 ●

Lycoperdon pedicellatum **Peck**

말불버섯과

식·독 불명이다. 여름부터 가을까지 숲 속 땅 위나 썩은 나무 위에 발생하며, 한국·일본·유럽·북아메리카 등지에 분포한다.

자실체는 지름 1.5~4cm로 넓은 난형이고 기부에 균사가 붙으며, 표면은 담회색이었다가 차차 담황토색~담황토갈색으로 된다. 아래쪽에 주름이 있으며, 대는 없거나 짧다. 위쪽 표면에는 길이 0.5~1mm의 단일 또는 서로 결합한 단단한 가시가 있으며, 아래쪽에는 작은 가시가 있으나 탈락하면 사마귀 또는 망목상의 내피를 나타낸다. 내피는 담갈색이고 광택이 있다. 포자는 4~5×3.5~4.5μm로 유구형~난형이고, 포자 크기의 4~5배 되는 긴 대가 있으며, 표면은 평활하거나 거칠다.

95.7.24. 충남대

95. 8. 17. 대청댐

테두리방귀버섯 ●

***Geastrum fimbriatum* (Fr.) Fisch.**

방귀버섯과

식·독 불명이다. 여름부터 가을까지 숲 속의 낙엽이 있는 땅 위에 나며, 한국·일본·중국·유럽·북아메리카·오스트레일리아 등지에 분포한다.

자실체는 지름 1.5~4cm로 구형이고 부식물 속에 파묻혀 있으며, 외피는 성숙하면 5~10 조각의 별 모양으로 갈라진다. 각각의 조각은 크기가 같지 않고 뒤집히며, 아래쪽으로 구부러져 편평한 둥근 방석 모양으로 되고 그 위에 내피가 있다. 내피층은 살색~황적갈색이며, 평활하고 갈라진 선이 있다. 내피는 지름 1.5~2cm로 유구형이고 위쪽이 조금 뾰족하며 적색~황갈색이다. 내피 속에 있는 기본체(포자괴)는 흑갈색이다. 포자는 지름 3~4μm로 구형이며, 가는 사마귀가 있고 담황갈색이다.

95.8.12. 청계산

황색고무버섯 ●

Bisporella citrina (Batsch.) Korf et al.

고무버섯과

식·독 불명이다. 여름부터 가을까지 활엽수의 가지나 재목 위에 군생하며, 한국·일본·유럽 등지에 분포한다.

자실체는 매우 작으나 여러 개가 일시에 발생하므로 기주목을 노랗게 덮어 눈에 쉽게 띈다. 자낭반은 지름 0.1~0.3 cm로 쟁반형~접시형이고, 외면과 자실층 내면은 매끄럽고 선황색~황색이며, 대는 없거나 매우 짧다. 포자는 8~12×3~3.6μm로 타원형이고, 표면은 평활하며, 2개의 유구와 1개의 격막을 가진다.

93.8.8. 백양산

뱀버섯 ●

***Mutinus caninus* (Huds. ex Pers.) Fr.**

말뚝버섯과

식·독 불명이다. 여름부터 가을까지 숲 속 나뭇잎이 많은 곳 또는 공원 내 부식질이 많은 토양 위에 군생하며, 한국·동아시아·유럽·북아메리카 등지에 분포한다.

자실체는 초기에는 난형이나 성장하면 윗부분이 갈라지면서 대가 나타난다. 대는 5~9×0.8~1.2cm이며, 대와 기본체 사이의 형태학적 분화는 없으나 분명한 경계가 있다. 끝은 뾰족한 원추형으로 담홍색을 띠며, 기본체는 암녹색의 점액질이다. 기본체 아래쪽은 담황색~담황분홍색으로 표면에는 무수한 홈이 있고, 속은 비어 있으며 잘 부서진다. 포자는 3.5~5×1.5~2μm로 타원형이며, 표면은 평활하다.

91.6.13. 대흥사

긴대주발버섯 ●

Macroscyphus macropus (Pers.) S. F. Gray

안장버섯과

식·독 불명이다. 여름부터 가을까지 숲 속 땅 위에 단생하며, 한국·일본·유럽·북아메리카 등지에 분포한다.

자실체는 지름 2~3cm로 대가 달린 주발 모양이고 머리 부분은 지름 2~3cm로 육질이며, 초기에는 주발 모양이나 차차 접시 모양이 된다. 내부의 자실층은 어두운 갈색이며 외면은 담갈색이고 짧은 털이 빽빽이 나 있다. 대는 3~5×0.2~0.4cm로 거의 원통형이며 갓의 외면과 같은 색이다. 포자는 23~30×11~14μm로 타원형이며, 2개의 유구가 있다.

95.7.26. 관악산

95.8.31. 충남대

모래밭버섯 ●

Pisolithus tinctorius **(Pers.) Coker et Couch**

모래밭버섯과

식·독 불명이다. 봄부터 가을에 걸쳐 소나무 숲이나 잡목림 내 땅 위에 발생하고, 고등 식물과 공생하며, 전세계에 분포한다.

자실체는 3~7×2~4cm로 유구형이고 표피는 얇으며, 초기에는 황갈색이나 차차 흑색으로 변하며, 아래쪽은 대 모양이고 균사속이 있다. 내부는 검은색이고 지름 0.1~0.3cm의 난형의 젤리상 소립괴(小粒塊)가 있다. 이 속에 있는 포자는 지름 7~12μm로 구형이고 갈색을 거쳐 자흑색으로 성숙한다. 포자 표면에는 여러 개의 침상 돌기가 있다.

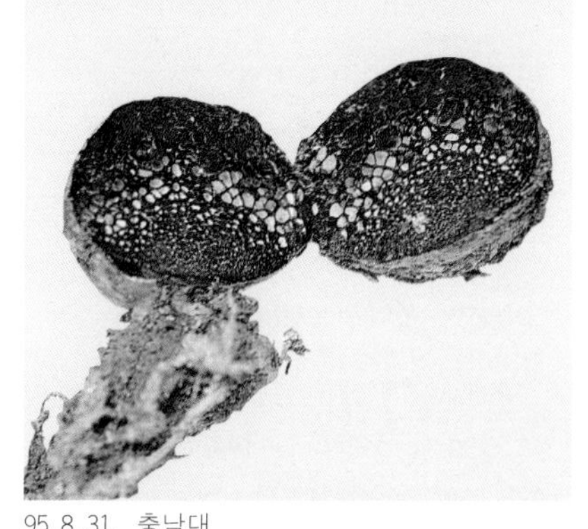

95.8.31. 충남대

95.8.4. 광릉

다형콩꼬투리버섯 ●

Xylaria polymorpha **(Pers.) Grev.**

콩꼬투리버섯과

95.8.4. 광릉

식·독 불명이다. 여름부터 가을까지 고목이나 생나무 그루터기 근처에 발생하며, 전세계에 분포한다.

자실체는 2~8×1~3cm로 방망이형이며 표면은 흑색이며, 내부의 바깥층은 백색, 심부는 흑색이다. 자낭각은 표층조직 내에 묻혀 있으며 표면에 점상으로 공구(孔口)를 연다. 포자는 20~30×6~8μm로 방추형이고 갈색이며, 한쪽 면이 넓적하다.

93.8.9. 백양산

붉은점박이광대버섯 ●

Amanita rubescens **(Pers. ex Fr.) S. F. Gray**

광대버섯과

요주의. 식용버섯으로 알려져 왔으나 강력한 용혈 작용이 확인되었으므로 주의해야 하며, 특히 생식은 금물이다. 맹독버섯인 마귀광대버섯(*Amanita panthe-rima*)과 형태가 비슷하나, 외피막 파편의 색깔이 다르다. 여름과 가을에 침엽수림·활엽수림·혼합림 내 땅 위에 단생하며, 북반구 온대 이북에 분포한다.

갓은 지름 3~11cm로 초기에는 반구형이나 차차 편평형이 된다. 갓 표면은 적갈색~담갈색이며 외피막의 파편이 있다. 조직은 백색이나 상처가 나면 적갈색으로 변한다. 주름살은 떨어진형으로 약간 빽빽하며 백색이나 성숙하거나 상처가 나면 적갈색의 얼룩이 생긴다. 대는 8~24×0.8~2cm로 담적갈색이고 위쪽에 막질의 백색 턱받이가 있으며, 기부는 두툼하고 대주머니의 파편이 고리 모양으로 붙어 있으나 차차 없어진다. 포자는 8~9.5×6~7.5μm로 광타원형~난형이며, 표면은 평활하다.

94.7.3. 동구릉

고동색우산버섯 ●

***Amanita vaginata* (Bull. ex Fr.) Vitt. var. *fulva* (Schaeff.) Gill.**

광대버섯과

95.8.1. 충남대

요주의. 식용버섯으로 알려져 왔으나 적혈구를 파괴하는 용혈독이 들어 있어 생식하면 위험하다. 여름부터 가을까지 활엽수림 내 땅 위나 풀밭에 단생 또는 산생하며, 북반구 일대에 분포한다.

갓은 지름 3~11cm로 초기에는 반구형이나 차차 볼록편평형이 되며, 표면은 적갈색을 띠고 중앙부는 짙은 색이며, 외피막 파편이 붙어 있다. 주름살은 떨어진형 또는 끝붙은형으로 약간 빽빽하고 백색이다. 대는 5~12×0.6~1.9cm로 표면은 백색이고 인편이 있으며, 속은 비어 있다. 위쪽에는 백색 턱받이가 있으나 금방 탈락해 버리고, 기부에는 백색의 대주머니가 있다. 포자는 7~8×4~5μm로 구형이다.

90.10.7. 동구릉

흰우산버섯 ●

***Amanita vaginata* (Bull. ex Fr.) Vitt. var. *alba* Gill.**

광대버섯과

요주의. 식용버섯으로 알려져 왔으나 생식하면 중독되므로 주의해야 한다. 여름과 가을에 침엽수림 또는 활엽수림 내 지상에 단생 또는 군생하며, 북반구 일대에 분포한다.

갓은 지름 3~9cm로 초기에는 반구형이나 후에 편평형이 되며, 표면은 평활하고 순백색이며, 갓 둘레에는 선명한 방사상의 홈선이 있다. 대는 5~20×1.4~2cm로 표면은 백색이고 분말상의 작은 인편이 있으며 백색의 대주머니가 있고 턱받이는 없다. 포자는 지름 9.5~11.5μm로 구형이며, 표면은 평활하고 비아밀로이드이며, 포자문은 백색이다.

88.8.23. 헌인릉

큰주머니광대버섯 ●

***Amanita volvata* (Peck) Martin.**

광대버섯과

요주의. 일부 지방에서는 식용하고 있으나 일본에서는 독버섯으로 알려져 있으므로 주의해야 한다. 여름부터 가을까지 혼합림 내 땅 위에 단생 또는 산생하며, 한국·일본·중국·북아메리카 등지에 분포한다.

갓은 지름 5~8cm로 초기에는 종형이나 차차 편평형이 되며, 표면은 백색~갈백색이고 담적갈색의 작은 인편과 큰 외피막 인편이 있다. 조직은 백색이며, 주름살은 떨어진형 또는 끝붙은형으로 약간 빽빽하고 초기에는 백색이나 성숙하면 담홍색이 된다. 대는 4~12×0.5~1.5cm로 속은 비어 있고, 아래쪽이 굵고 분말상의 인편이 있으며, 기부에는 크고 두꺼운 막질의 대주머니가 있다. 포자는 7.5~12.5×5~7μm로 장타원형이며, 표면은 평활하다.

95.8.12. 청계산

95.9.13. 충남대

87.7.17. 선정릉

90. 10. 7. 동구릉

우산버섯 ●

Amanita vaginata **(Bull. ex Fr.) Vitt. var.** ***vaginata***

광대버섯과

요주의. 식용버섯으로 알려져 왔으나 적혈구를 파괴하는 용혈독(hemolysin)이 들어 있어 생식하면 빈혈 등 중독을 일으킬 수 있다. 여름부터 가을까지 침엽수림·활엽수림·혼합림 내 땅 위에 단생하며, 전세계에 분포한다.

갓은 지름 5~7cm로 초기에는 반구형이나 차차 볼록반구형이 되며, 표면은 회갈색이며 백색의 막편이 있고, 갓 둘레에는 방사상의 홈선이 있다. 조직은 백색이며, 주름살은 떨어진형으로 약간 빽빽하며 백색이다. 대는 9~12×0.5~0.8cm로 위쪽이 가늘고 백색~담회색이며 인편이 있다. 기부에는 백색 막질의 칼집 모양의 대주머니가 있다. 포자는 10~12μm로 구형이며, 표면은 평활하다.

95.7.24. 충남대

94.7.17. 공릉

89.7.2. 동구릉

절구버섯 ●

Russula nigricans **(Bull.) Fr.**

무당버섯과

요주의. 우리 나라와 일본 등지에서는 식용하고 있으나 생식하면 중독을 일으킬 수 있다. 특히 유사종인 절구버섯아재비(*Russula subnigricans*)는 맹독버섯이므로 주의해야 한다. 여름부터 가을까지 활엽수림 내 땅 위에 단생 또는 군생하며, 북반구 일대에 널리 분포한다.

갓은 지름 8~15cm로 초기에는 반구형이나 차차 오목편평형이 되며, 표면은 초기에는 탁한 백색이나 차차 암갈색을 거쳐 흑색으로 된다. 조직은 단단하고 백색이나 상처가 나면 적갈색을 거쳐 흑색으로 변한다. 그러나 유사종인 절구버섯아재비는 적색에서 더 이상 변색되지 않는다. 주름살은 내린형으로 너비가 넓고 성기며, 초기에는 백색이나 차차 흑색으로 변한다. 대는 3~8×1~3cm로 위아래 굵기가 같고 단단하며 갓과 같은 색이다. 포자는 7~9×6~7.5μm로 유구형이며, 표면은 돌기가 있는 망목상이다.

95.8.4. 광릉

굴털이 ●

Lactarius piperatus **(Scop. ex Fr.) S. F. Gray**

무당버섯과

요주의. 식용버섯이나 유액은 맵고 구토를 유발한다. 그러므로 물에 담가 유액을 제거하면 식용이 가능하다. 여름부터 가을까지 활엽수림·침엽수림 내 땅위에 군생하며, 북반구 일대·오스트레일리아 등지에 분포한다.

갓은 지름 4~18cm로 초기에는 오목반구형이나 차차 깔때기형이 되며, 표면은 평활하고 주름이 조금 있으며, 초기에는 백색이나 차차 담황색이 되고 황색~황갈색의 얼룩이 생긴다. 주름살은 내린형으로 빽빽하며 담황색이고 너비가 좁고 2개로 분지(分枝)된다. 대는 3~9×1~3cm로 기부가 약간 가늘고, 표면은 백색이며 단단하다. 유액은 다량 분비되고 백색이며 변색되지 않고 맛은 몹시 맵다. 포자는 5.5~8×5~6.5μm로 타원형 또는 구형이며, 표면에는 가는 돌기와 선이 있다.

95.8.4. 광릉

95.8.4. 광릉

붉은대그물버섯 ●

Boletus erythropus **(Fr. ex Fr.) Pers.**

그물버섯과

86.8.9. 무주 구천동

식용버섯으로 알려졌으나 생식하면 구토 등 중독을 일으킬 수 있다. 여름부터 가을까지 침엽수림 내 땅 위에 발생하며, 한국·동남 아시아·유럽·북아메리카 등지에 분포한다.

갓은 지름 5~20cm로 평반구형이고, 표면은 청갈색 또는 청동색으로 건조하고 가는 털로 덮여 있다. 조직은 황색이나 상처를 입으면 진한 청람색으로 변한다. 관공(管孔)은 완전붙은형이며 적홍색이나 그 단면은 황색을 거쳐 적갈색이 된다. 대는 5~12×1.2~4.5cm로 표면은 황색 바탕에 암적홍색의 가는 점이 밀포되어 있다. 포자는 9.5~14×4~5μm로 장방추형이고, 표면은 평활하다.

91.7.27. 칠갑산

제주쓴맛그물버섯 ●

***Tylopilus neofelleus* Hongo**

그물버섯과

요주의. 독성은 알려지지 않았으나 강한 쓴맛 때문에 요리를 망치게 된다. 여름부터 가을까지 소나무 숲 땅 위에 산생 또는 단생하며, 한국·동아시아·유럽·북아메리카·오스트레일리아 등지에 분포한다.

갓은 지름 4~10cm로 반구형~평반구형이고, 표면은 평활하고 황갈색~암홍갈색이며, 조직은 두껍고 백색이나 차차 담홍색을 띠며 쓴맛이 난다. 관공은 초기에는 백색이나 차차 담홍색을 띠며, 관공구는 작고 다각형이며 담홍색~자주색이다. 대는 4~11×1.2~3cm로 단주상(團柱狀)이며 위쪽에는 불명확한 망목이 있고 갓과 같은 색이다. 포자는 7.5~9.5×3.5~5μm로 타원형이고 평활하며, 포자문은 담홍색~적갈색이다.

95.8.31. 충남대

붉은산무명버섯 ●

***Hygrocybe conica* (Scop. ex Fr.) Kummer**

벚꽃버섯과

요주의. 식용으로 알려져 왔으나 체질에 따라 중독 증세를 일으키므로 주의해야 한다. 여름부터 가을까지 잔디밭이나 대나무 밭, 혼합림 내 땅 위에 군생하며, 전세계에 분포한다.

갓은 지름 1.5~5cm로 초기에는 끝이 뾰족한 원추형이나 차차 볼록편평형이 된다. 갓 표면은 습할 때 다소 점성이 있으며 적색~적등황색을 띠고, 상처가 나거나 성숙하면 흑색으로 변한다. 조직은 얇고 잘 부서진다. 주름살은 끝붙은형~떨어진형으로 약간 성기고, 초기에는 백색이나 차차 녹황색을 띠며 상처가 나거나 성숙하면 흑색으로 변한다. 대는 4~10×4~8cm로 위아래 굵기가 비슷하며 다소 뒤틀려 있고, 암적색~등황색 또는 녹황색을 띠며, 기부는 백색이나 상처가 나거나 성장하면 흑색으로 변한다. 포자는 9~12×5.5~6.5μm로 타원형~불규칙한 타원형이며, 표면은 평활하다.

96. 8. 15. 충남대

노란길민그물버섯 ●

***Phylloporus bellus* (Mass.) Corner**

그물버섯과

요주의. 식용버섯으로 알려져 왔으나 체질에 따라서 가벼운 중독을 일으킬 수 있다. 여름부터 가을까지 숲 속이나 길가·정원 내 나무 밑 등에 산생하며, 한국·일본·중국·유럽·북아메리카 등지에 분포한다.

갓은 지름 2~6cm로 초기에는 평반구형이나 차차 편평형이 된다. 갓 표면은 회갈색 또는 황갈색이고 벨벳과 같은 촉감이 있으며, 조직은 황색으로 암모니아수를 바르면 청색으로 변한다. 주름살은 내린형으로 성기고 황색이다. 주름살 사이에는 연락맥이 있다. 대는 3~7×0.5~1cm로 위아래 굵기가 같고, 표면은 황색 또는 갈황색이며, 작은 분말과 인편이 있고 속은 차 있다. 포자는 6.5~12×3~4.5㎛로 장타원형이고, 포자문은 황갈색이다.

95.7.17. 청계산

주름버섯아재비 ●

***Agaricus placomyces* Peck**

주름버섯과

요주의. 식용버섯으로 알려져 있으나 일부 국가에서는 식·독 불명 버섯으로 취급하고 있으므로 주의해야 한다. 여름과 가을에 숲 속 땅 위에 군생 또는 단생하며, 한국·일본·중국·북아메리카 등지에 분포한다.

갓은 지름 5~15cm로 초기에는 구형~반구형이나 차차 편평형이 되며, 표면은 갈색~암갈색의 섬유상이나 표피가 터져서 인편으로 되며 담갈색의 바탕을 나타낸다. 조직은 백색이고, 주름살은 끝붙은형 또는 떨어진형으로 빽빽하며 초기에는 백색이나 분홍색을 거쳐 흑갈색이 된다. 대는 4~15×1.3cm로 아래쪽이 굵으며, 표면은 백황색이나 상처가 나면 담황색을 거쳐 담갈색으로 변한다. 턱받이는 크고 백색의 막질이며, 아래쪽에 분말상의 인편이 붙는다. 포자는 4.5~5.5×3~3.5μm로 암갈색의 광타원형이며, 표면은 평활하다.

95.9.1. 충남대

3.8.22. 정수사

넓은주름긴뿌리버섯 ●

udemansiella platyphylla **(Pers. ex r.) Moser in Gams**

송이과

식용버섯으로 알려져 왔으나 최근 독이 보고되고 있으므로 주의해야 한다. 름과 가을에 활엽수림 내 부식토 위에 생 또는 단생하며, 북반구 일대·뉴기 ·아프리카 등지에 분포한다.

갓은 지름 5~15cm이며 초기에는 평 구형이나 차차 오목편평형이 되며, 표 은 회색~회갈색 또는 흑갈색이며 방 상의 섬유상 무늬를 나타낸다. 조직은 색이며 얇다. 주름살은 홈형이며 성기 , 크고 넓으며 백색이다. 대는 길이 7 ~12cm로 단단하고 백색~회백색을 띠며, 기부에는 섬유상 균사 다발이 있다. 포자는 7~10×5.5~7.5μm로 광타원형이며, 표면은 평활하다.

95.7.20. 보문산

94.6.26. 유원릉

애기버섯 ●

Collybia dryophila **(Bull. ex Fr.) Kummer**

송이과

요주의. 팽나무버섯과 풍미가 비슷하며 식용버섯으로 알려져 왔으나 날로 먹으면 가벼운 독성을 나타낸다는 보고가 있으므로 주의해야 한다. 봄부터 가을에 걸쳐 잡목림 내 부식질이 많은 땅 위에 속생 또는 군생하고 때로는 균륜(菌輪)을 만들며, 전세계에 분포한다.

갓은 지름 1~5cm로 초기에는 평반구형이나 차차 편평형이 되며, 표면은 평활하고 담황색~담황토색이다. 주름살은 완전붙은형 또는 끝붙은형이고 빽빽하며 백색~담황색이다. 대는 2~6×0.2~0. cm로 속은 비어 있으며, 표면은 평활하고, 위쪽은 담황색, 아래쪽은 황갈색이며 기부는 굵다. 포자는 4.5~6.5× ~3.5μm로 타원형이며, 표면은 평활하다.

91.6.6. 영릉

애기버섯 94.6.26. 융건릉

94.8.16. 용문산

붉은덕다리버섯 ●

Laetiporus sulphureus **(Fr.) Murrill var.** ***miniatus*** **(Jungh.) Imaz.**

구멍장이버섯과

요주의. 어릴 때는 닭고기 맛이 나며 식용하기에 최적이나 성숙하면 단단해지고 사람에 따라 입술이 붓는 등의 알레르기 반응을 일으키므로 주의해야 한다. 날것을 먹으면 중독된다. 봄부터 여름까지 침엽수의 고목이나 생목·그루터기에 나는 1년생 심재갈색부후균(心材褐色腐朽菌)으로, 한국·일본·아시아 열대 지방·북아메리카 등지에 분포한다.

자실체는 높이 30~40cm로 갓과 같은 곳에서 중생한다. 갓은 지름 5~20cm, 두께 1~2.5cm로 부채형~반원형이며, 표면은 선주황~주황색이고 건조하면 백색에 가깝게 변한다. 조직은 담홍색의 육질이며, 후에 단단해지며 부서지기 쉽다. 관공은 길이 0.2~1cm로 황갈색이고, 관공구는 부정형으로 0.1cm 사이에 2~4개 있다. 포자는 6~8×4~5μm로 타원형이다.

붉은덕다리버섯 92. 8. 29. 서울대공원

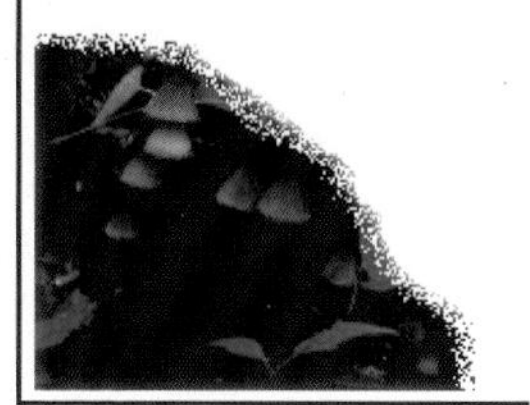

부록

버섯 그림 설명

A. 주름버섯류

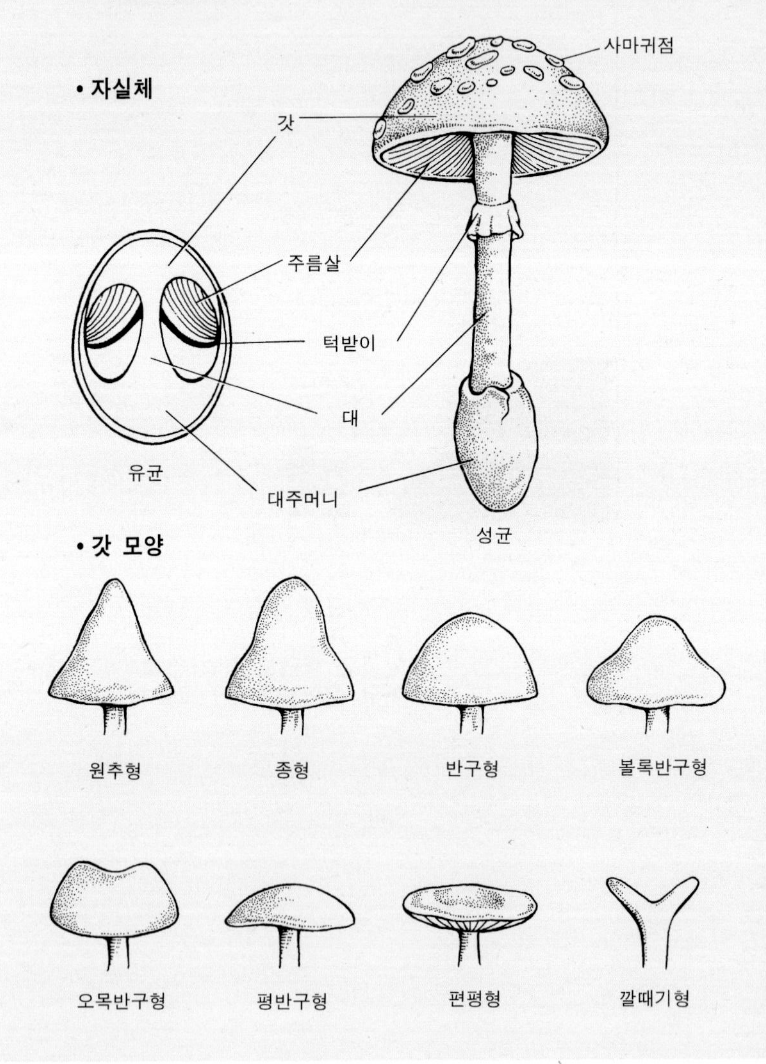

• 갓 표면

• 갓끝 모양

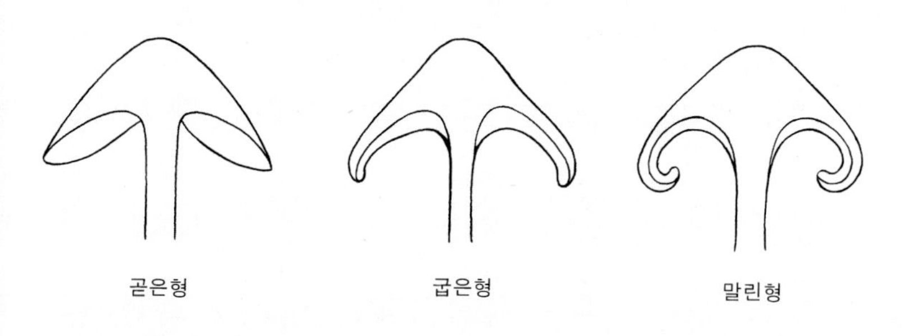

• 자실체의 발생 형태

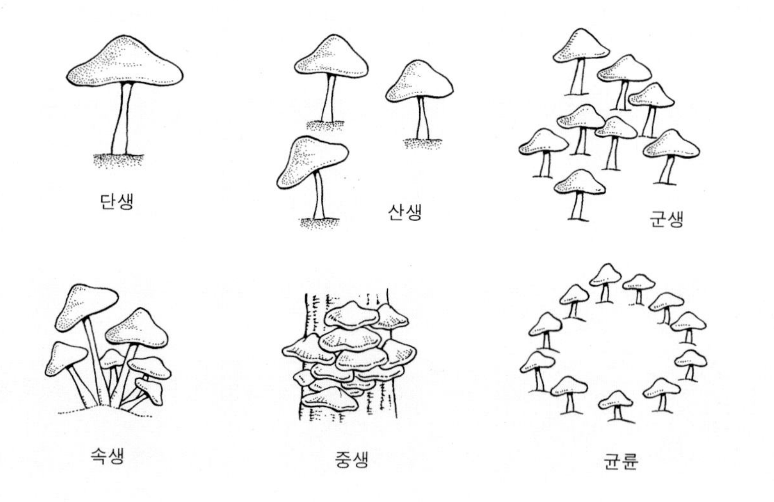

• 주름살 모양

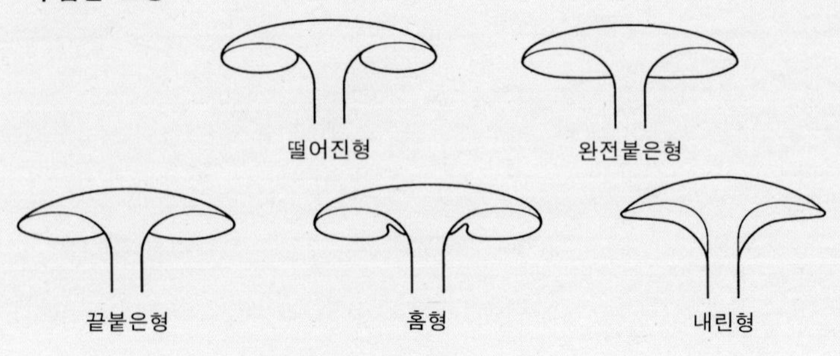

• 주름살 수

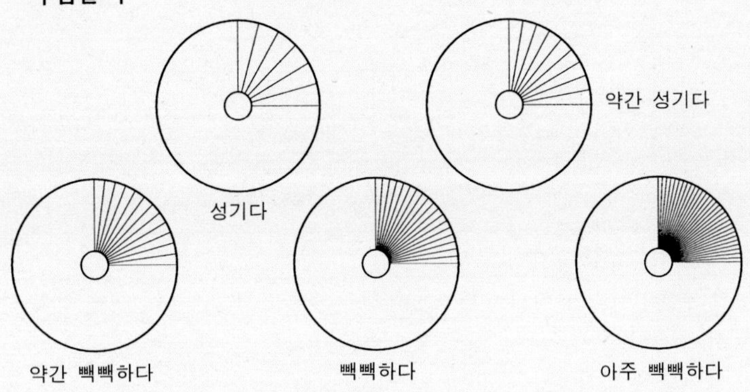

• 주름살날 모양

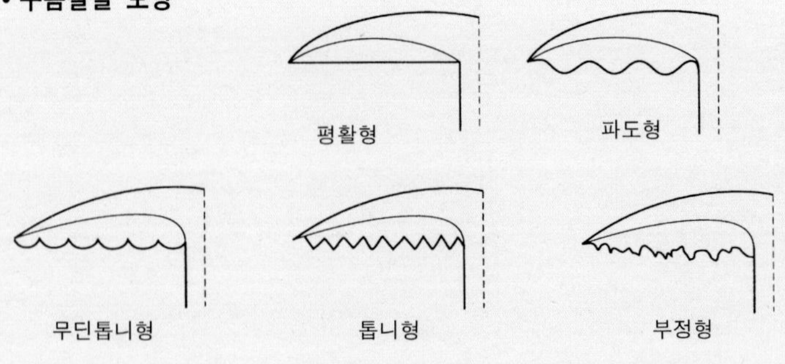

• 담자기

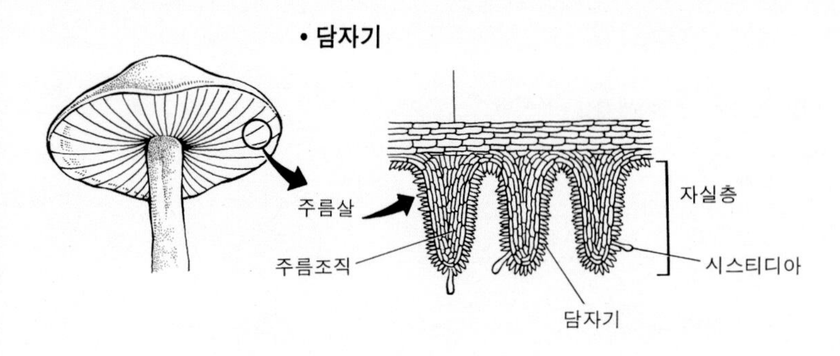

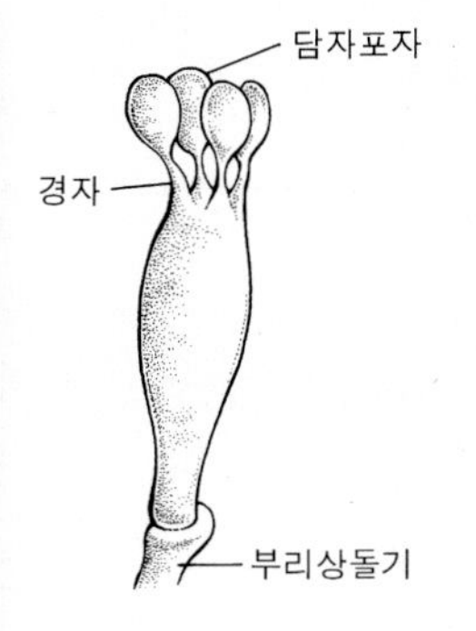

담자기(보통형)

세로막이 있는
담자기(흰목이형)

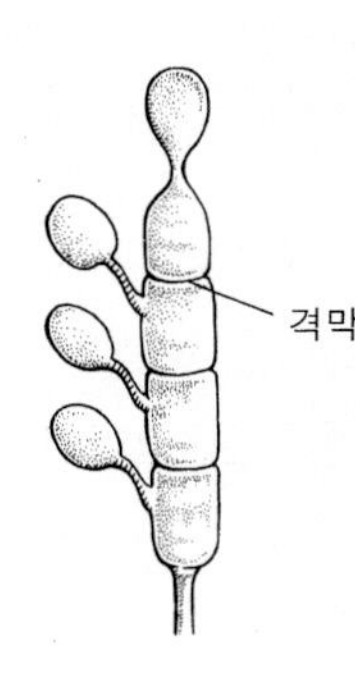

가로막이 있는
담자기(목이형)

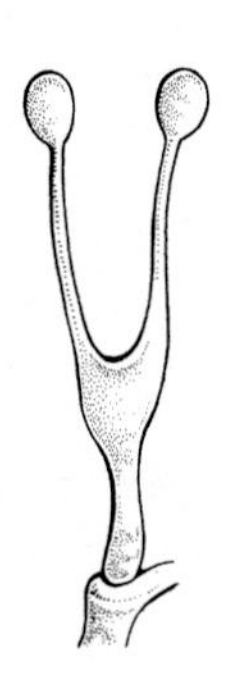

막이 없음
(붉은목이형)

• 자실층사

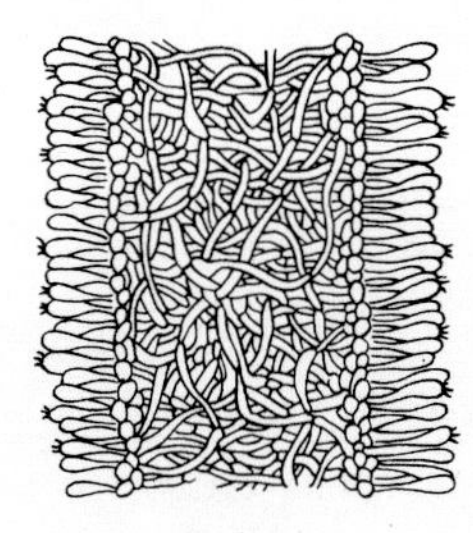

평행형

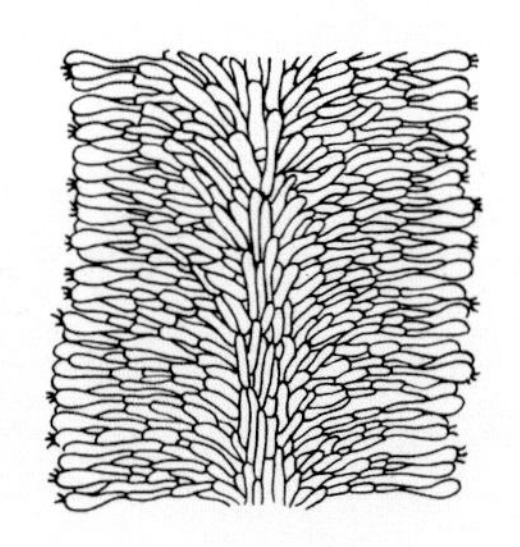

갈빗살형

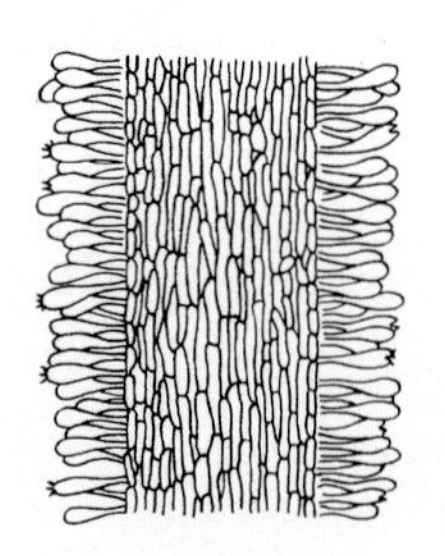

혼선형

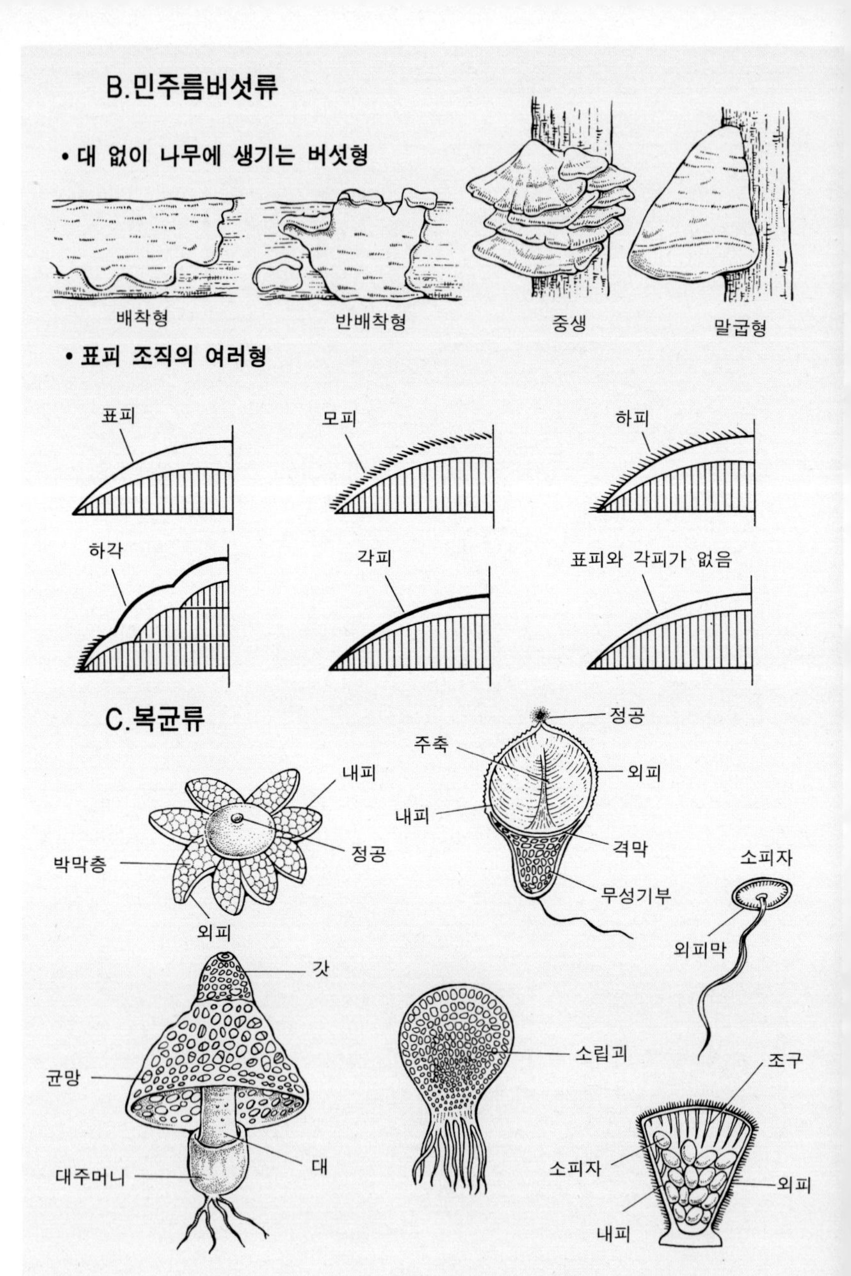
B.민주름버섯류
• 대 없이 나무에 생기는 버섯형
배착형
반배착형
중생
말굽형
• 표피 조직의 여러형
표피
모피
하피
하각
각피
표피와 각피가 없음
C.복균류
정공
주축
내피
외피
내피
박막층
정공
격막
소피자
무성기부
외피
외피막
갓
소립괴
조구
균망
소피자
대
외피
대주머니
내피

D.자낭균류

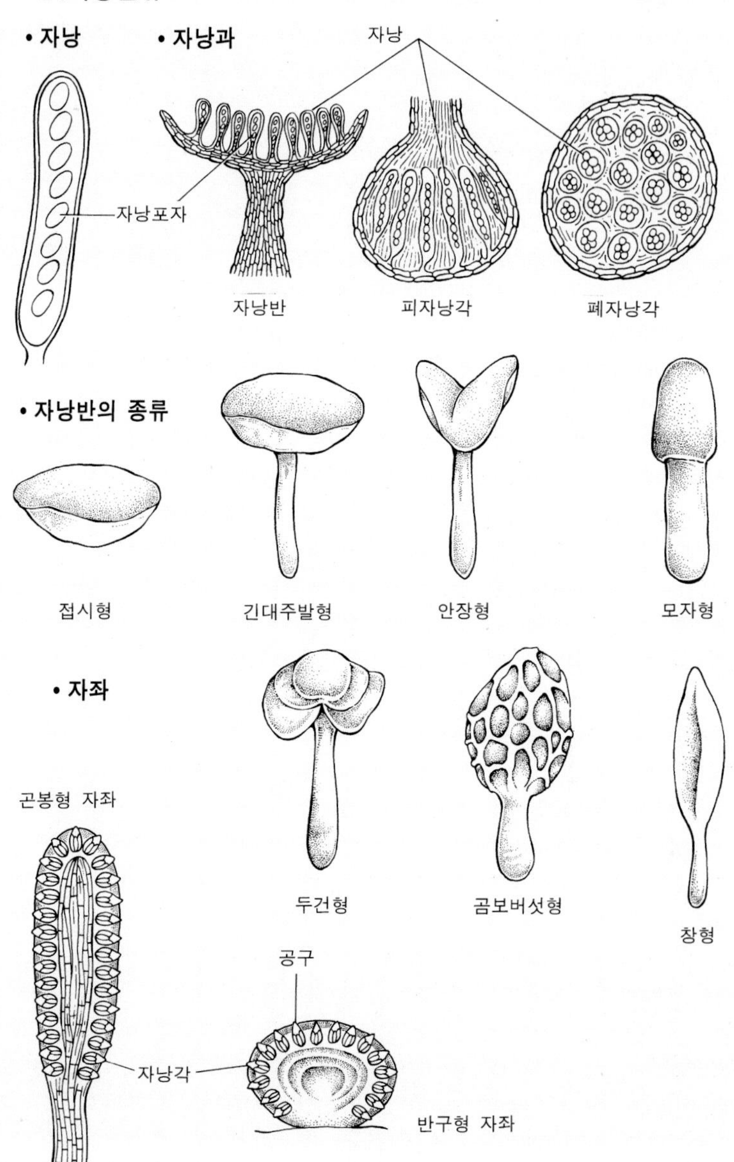
• 자낭
• 자낭과
자낭
자낭포자
자낭반
피자낭각
폐자낭각
• 자낭반의 종류
접시형
긴대주발형
안장형
모자형
• 자좌
두건형
곰보버섯형
창형
곤봉형 자좌
공구
자낭각
반구형 자좌

E. 포자

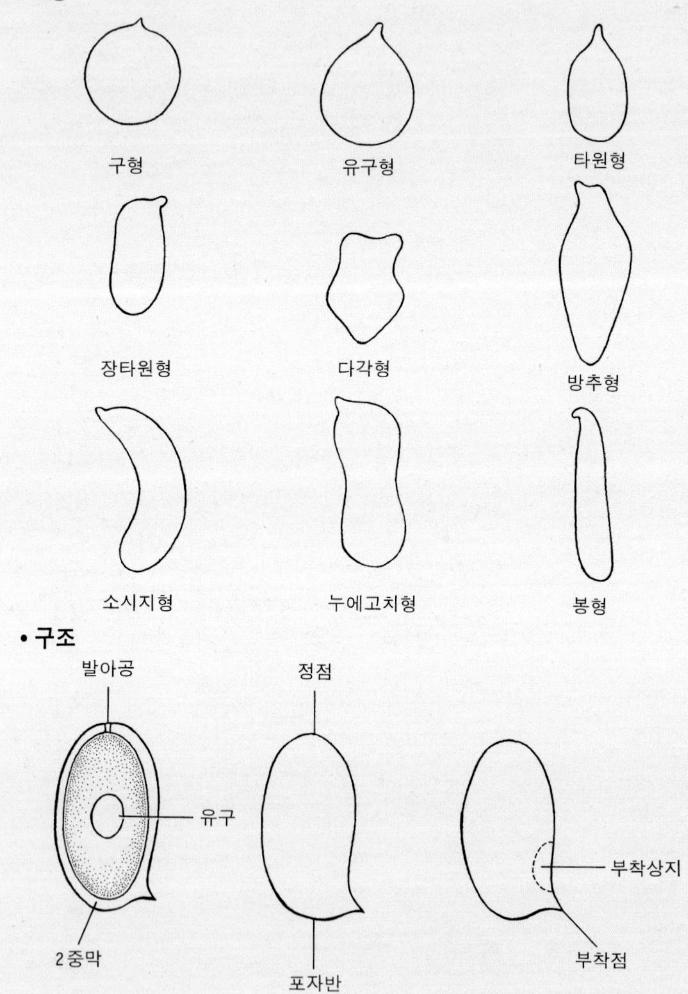

• 모양
구형
유구형
타원형
장타원형
다각형
방추형
소시지형
누에고치형
봉형
• 구조
발아공
유구
2중막
정점
포자반
부착상지
부착점

용어 해설

갈색부후(褐色腐朽, brown rot) 목질의 섬유소를 분해하여 목질부를 갈색으로 변화시키는 것

강모체(剛毛體, seta) 시스티디아의 일종으로, 자실층을 형성하는 균사 중 빳빳한 털 모양, 작살 모양 또는 주머니 모양으로 변한 것

강실(腔室, chamber) 경단버섯 내부에 포자를 형성하는 곳

격막(隔膜, septum) 균류의 내부에 있는 막으로 균사에는 가로막이 있으며, 균사는 격막이 있는 것과 없는 것이 있음.

경자(梗子, sterigma) 담자균의 경자는 담자기의 성단에 포자를 부착하는 뿔 모양의 돌기로, 2~4개를 형성함.

고목생(枯木生, saprophytic on dead tree) 죽은 나무의 둥치, 가지, 줄기, 통나무, 그루터기에 버섯이 생기는 것

공구(孔口, ostiole) 자낭각의 위쪽에 있는 구멍

공부후(孔腐朽, pore rot) 목질의 섬유소를 분해하여 목질부를 구멍이 나게 변화시키는 것

관공(管孔, tube) 자실층이 주름살 대신 관 모양의 구멍으로 되어 있는 것

괴근상(塊根狀, bulbous) 대의 기부가 팽대되어 양파 모양을 이룬 것

균근(菌根, mycorrhiza) 버섯과 나무의 공생으로 균사와 고등 식물의 뿌리가 얽혀서 형성된 것

균륜(菌輪, fairy ring) 버섯이 해마다 중심부에서 차차 바깥쪽으로 동심원을 이루면서 발생하는 것

균망(菌網, indusium) 망태버섯에서의 망사상의 스커트

균사(菌絲, hypha) 균류의 본체. 균류의 영양 생장 기관으로 실 모양의 기관

균사속(菌絲束, rhizomorph) 균사가 모여 노끈 모양으로 길게 뻗어 난 것

균사체(菌絲體, mycelium) 균류는 실 모양의 관인 균사로 성장하는데, 이 집단을 일컫는다.

균생(菌生, parasitic on fungi) 다른 버섯 위에 버섯이 발생하는 것

균핵(菌核, sclerotium) 균사 상호간에 서로 엉기고 밀착되어 있는 균사 조직

기본체(基本體, gleba) 복균류에서와 같이 자실체 내부에서 포자를 형성하는 기본 조직

기주(寄主, host) 버섯이 발생하기 위한 영양을 얻는 기초 물질로, 식물, 동물, 똥〔糞〕 등을 말함.

낙엽생(落葉生, saprophytic on fallen leaves) 낙엽 위에 버섯이 발생하는 것

담자균(擔子菌, basidiomycetes) 고등 균류 중에서 담자기에 담자포자를 형성하는 균의 총칭

담자기(擔子器, basidium) 담자균에서 포자를 형성하는 곤봉 모양의 미세 구조

담자포자(擔子胞子, basidiospore) 담자균의 담자기 내에서 감수 분열을 한 다음 담자기의 외부에 형성되는 포자. 보통 1개의 담자기에 4개의 담자포자를 형성한다.

대주머니(volva) 유균(幼菌)을 덮고 있던 외피막이 버섯이 생장함에 따라 찢어져 대 기부(基部)에 형성된 막질의 주머니

돌기선(突起線, tuberculastriate) 갓 둘레에 돌기가 형성되어 선을 이룬 것

동충하초(冬蟲夏草, cordyceps) 곤충에 기생하는 버섯. 고대 중국에서 겨울에는 곤충이고 여름에는 풀로 변한다는 데서 붙여진 이름

두부(頭部, head) 대의 끝 부위나 위쪽이 머리 모양으로 팽대된 것으로, 말뚝버섯, 콩두건버섯, 곰보버섯 등에서 볼 수 있음.

망목상(網目狀, reticulate) 버섯의 갓, 대, 포자 표면이 그물 모양을

이룬 것

멜저 시약(Melzer's reagent)　버섯의 포자, 균사를 염색하는 시약. 요오드화칼륨 1.5g, 요오드 0.5g, 포수 클로랄 20g을 증류수 20mL에 용해시켜 조제한 시약

목질(木質, woody)　자실체의 육질이 나무 조각처럼 단단한 것

무성기부(無省基部, sterile base)　말불버섯에서와 같이 포자를 담은 기본체가 없는 하부

미로상(迷路狀, daedaleoid)　자실층의 주름 · 관공이 불규칙하고 복잡하게 배열되어 있는 상태

발아공(發芽孔, germ pore)　포자의 꼭대기 부분에 있는 작은 구멍. 즉, 2중막이 있는 포자의 외막의 꼭대기가 중단되어 편평하고 절두상이 된 작은 구멍 모양의 부분

방사상(放射狀, radial)　중심에서 바깥쪽으로 우산살 모양으로 뻗은 모양

방추형(紡錘形, fusiform)　포자나 시스티디아의 양 끝이 좁아진 모양

배착성(背着性, resupinate)　대가 없이 자실체 전체가 기주에 붙어 있는 것

백색부후(白色腐朽, white rot)　목질의 리그닌을 분해하여 목질부를 차츰 백색으로 변화시키는 것

변형체(變形體, plasmodium)　점균류에서 포자가 편모를 가진 운동성의 유주자(swarm cell)가 되고, 이것이 한 쌍씩 접합하여 이룬 몸체

부리상 돌기(clamp connection)　담자균에 있어서 제1차 균사가 접촉하면 제2차 균사가 형성되는데, 이 때 형성된 특유한 주둥이 모양의 돌기

부생(腐生, saprophyte)　사물기생(死物寄生)이라고도 함. 버섯이 죽은 기주에서 발생하여 영양분을 섭취하며 살아가는 것

부착점(付着點, hilar appendage)　포자가 경자에 붙은 부분

부착상지(付着上地, suprahilar plage)　포자 표면의 부착점 위의 평활

한 연한 색 또는 무색의 지점

분생(糞生, saprophytic on dung) 버섯이 동물의 똥 위에 발생하는 것

분생자(分生子, conidiospore) 무성적으로 분열하여 생긴 포자. 이 포자는 직접 새로운 균사로 발육된다.

분생자병(分生子柄, conidiophore) 공중으로 뻗어 가는 균사로, 분생포자를 형성한다.

비(非)아밀로이드(nonamyloid) 버섯의 포자, 균사 등이 멜저 시약에 의해 무색~담황색으로 나타나는 것

사각부후(四角腐朽, quadrangular rot) 목질의 섬유소를 분해하여 목질부를 사각으로 분해시키는 것

생목생(生木生, parasitic on living tree) 생나무에 버섯이 발생하는 것

소립괴(小粒塊, false peridiole) 모래밭버섯 내부에 있는 알맹이로, 포자가 들어 있음.

소피자(小皮子, peridiole) 찻잔버섯류의 자실체 속에 생기는 바둑돌 또는 종자 모양의 기관으로 포자를 품고 있다. 포자 분산의 수단으로 이용된다.

수상생(樹上生, parasitic on tree) 나무의 둥치, 가지, 줄기 등에 버섯이 발생하는 것

시스티디아(cystidia) 자실층에 있는 담자기 아닌 세포로 곤봉형, 조롱박형, 볼링 핀형, 방추형 등 다양하며, 분류상 중요하다. 낭상체라고도 한다.

아밀로이드(amyloid) 버섯의 포자, 균사 등이 멜저 시약에 의해 청색 또는 남청색으로 변하는 것

연골질(軟骨質, cartilaginous) 대의 조직이 단단하고 속이 비어 부러지는 것

외피(外皮, cortex) 복균류와 같이 자실체의 바깥 껍질을 이루는 조직

위(僞)아밀로이드(pseudoamyloid) 버섯의 포자, 균사 등이 멜저 시약에 의해 갈색~적갈색으로 변하는 것

유구(油球, oil drops) 꾀꼬리버섯류에서와 같이 자실층이 밭이랑 모

양으로 주름이 생겨 굴곡이 진 모양

인시류(鱗翅類, Lepidoptera) 나비, 나방 등으로, 입은 긴 관 모양이고 꿀을 빨아먹으며, 날개는 넓고 인편(鱗片)이 많이 묻어 있는 곤충류를 말한다.

인피(鱗皮, scaly) 버섯의 갓 또는 대 표면이 바늘 모양으로 끝이 뾰족하거나 뭉툭하게 갈라진 것

자낭(子囊, ascus) 자낭균류의 유성 생식에 의해 자낭포자를 형성하는 기관

자낭과(子囊果, ascocarp) 자낭균류의 생식 기관의 일종이며, 원 모양, 아구 모양, 밥상 모양 등으로 속에 자낭이 배열되어 있다.

자낭반(子囊盤, apothecium) 자낭과가 접시 모양, 안장 모양, 두건 모양, 모자 모양, 창 모양, 밥상 모양으로 되어 자낭이 노출된 기관이며, 나자낭각(裸子囊殼)이라고도 한다.

자실체(子實體, fruiting body) 버섯의 갓, 대, 주름살, 관공 등의 전체를 말한다.

자실층(子實層, hymenium) 포자를 형성하는 담자기나 자낭이 있는 부위로, 주름살, 관공, 침상 돌기 등의 형태를 말한다.

자실층사(子實層絲, trama) 자실층 내부의 균사층

자좌(子座, stoma) 자낭각이 배열된 곤봉 모양 또는 반구형의 기관. 자낭균류의 영양 세포의 모체로, 그 속에는 많은 자낭각이 있다.

접착줄(funiculus) 찻잔버섯에서 소피자와 내피를 연결하는 실줄

접합자(接合子, zygote) 자웅성 세포로 표시되는 2개의 균사가 접근하여 서로 한 덩어리로 연결되어 균사 접합이 이루어져서 핵이 합체된 것

정공(頂孔, aptical stoma) 말불버섯류의 윗부분에 있는 구멍으로, 포자를 분출한다.

정점(頂點, apex) 포자의 윗부분

제3균사(trimitic) 일반균사, 결합균사, 골격균사 등의 3종류로 구성된 균사

제2균사(dimitic) 일반균사와 골격균사 또는 일반균사와 결합균사의 2종류로 구성된 균사

제1균사(monomitic) 일반균사 한 종류로만 구성된 균사

조구(條溝, striation) 찻잔버섯류의 내피에서와 같은 주름줄

조직(組織, context, flesh) 버섯의 자실체를 구성하고 있는 세포의 조합을 말한다.

주름살(gill, lamella) 주름버섯류에서 갓의 아랫면에 부채 주름 모양으로 구성되어 있는 포자를 형성하는 기관

주축(柱軸, columella) 말불버섯 내부 중앙에 있는 기둥

충생(蟲生, parasitic on insect) 곤충 몸에 버섯이 발생하는 것

측사(側絲, paraphysis) 자낭과(子囊果) 중의 자낭 사이를 잇는 실 모양의 기관. 그 길이, 모양, 크기 등이 버섯을 분류하는 데 있어 중요하다.

탁실균사(托室菌絲, capillitium) 복균류에서 포자낭 내에 있는 실 모양의 관공 또는 균사체

탁지(托枝, arm) 세발버섯, 게발톱버섯에서 볼 수 있는 대에서 나온 분지로, 안쪽에 기본체가 묻어 있다.

턱받이(ring, annulus) 갓과 대가 생장하면 내피막의 일부가 대에 남아 반지 모양 또는 치마 모양을 이루는 것

포자괴(胞子塊, spore mass) 복균류에서 자실체 내부에 있는 포자를 함유한 덩어리

포자꼬리(pedicel) 말불버섯의 포자에 형성된 가늘고 긴 대 모양의 것을 일컫는다.

포자문(胞子紋, spore print) 버섯의 갓만 잘라 흰 종이 또는 검은 종이 위에 주름살이 아래쪽으로 가도록 놓고 컵을 덮어 놓으면, 포자는 종이 위에 낙하하여 포자 무늬를 이룬다.

포자반(胞子盤, spore base or proximal end) 포자의 작은 대의 부착점 부근에 있는 둥글고 평평한 부분

해면질(海綿質, corky) 조직이 코르크형으로 된 것

후막포자(厚膜胞子, chlamydospore) 균사의 선단 또는 중간에 세포벽이 두꺼워져 형성된 대형의 무성포자

흡반(吸盤, haustorium) 영양 균사체가 기주의 표면 또는 내부에 침입하여 영양을 섭취하기 위하여 원반형으로 발달된 특수한 기관. 메꽃버섯에서 볼 수 있다.

한국명 찾아보기

학명 찾아보기

한국의 독식물

배기환
안병태
이준성

일·러·두·기

한국의 독식물

1. 이 도감에는 우리 나라 산야에 자라는 식물 중 유독한 식물의 사진과 해설을 수록하였다.
2. 분류 체계는 해부학적인 특징을 취한 Fuller와 Tippo의 관속식물을 택하였으며, 배열은 양치식물, 나자식물, 피자식물의 순으로 하였다.
3. 식물명은 학계에서 가장 타당성이 있다고 인정되는 것을 수용하였으며, 식물 용어는 가능한 한 우리말을 사용하여 일반인들도 이해하기 쉽도록 하였다.
4. 식물의 분포지, 개화기 및 결실기 등은 필자들이 직접 조사한 것을 중심으로 표기하였다.
5. 본문 내용의 이해를 돕기 위해 '식물 그림 설명'과 '용어 해설'을 부록으로 실었다.

서·론

독식물의 독작용과 해독법

우리 선조들은 선사 이래로 많은 경험을 통하여 주변에서 자라고 있는 식물들을 식용으로 널리 이용하여 왔으며, 약효가 있는 식물은 약초라 하여 질병 치료에 이용하여 왔다. 그 중에서도 약효가 특히 강하여 독성이 있는 식물을 유독 식물 또는 독초라 하였다.

일반적으로 약초 또는 한약은 양약에 비해 독성이 적은 것으로 일반에 인식되어 왔으나 이것은 잘못된 통념으로, 우리가 매일 먹는 채소나 곡식류를 제외하고는 오히려 양약에 비해 위험성이 많다고 할 수 있다. 왜냐 하면 양약은 여러 단계에 걸친 약리 실험과 독성 실험 결과로부터 질병 치료의 기전이나 독성이 이미 밝혀져 있어 정해진 용량을 복용하게 되면 특별한 체질의 보유자 외에는 중독되는 일이 거의 없기 때문이다. 그러나 식물의 경우는 하나의 식물체 내에도 수많은 성분이 포함되어 있으므로, 그 작용 기전이나 인체에 미치는 독성이 규명되지 않은 상태에서 생약을 장기간 복용하는 것은 바람직하지 않다.

실제로 질병 치료에 사용되어 온 민간약을 비롯하여 빈번히 사용하는 한약재 중에서도 동물 실험을 하여 보면 독성이 강한 것이 많이 있으므로 이에 대해 학자들이 계속 연구 중에 있다. 그러나 이러한 작업은 많은 시간과 인력을 요하는 매우 어려운 일로, 국민 건강을 위하여 국가적인 차원에서 추진되어야 할 것이다.

또 한 가지 중요한 점은 기원이 확실하지 않은 식물(특히, 버섯 종류나 미나리과 및 미나리아재비과 식물 등)을 형태가 유사한 다른 생약으로 오인하여 이를 복용하고 사고를 당하는 일이 종종 있으므로 이에 주의해야 한다는 것이다. 특히, 생약에 발생하는 곰팡이독이나 농약 등도 최근 문제가 되고 있으므로 생약의 구매시 엄중한 주의가 요망된다.

지금까지 보고된 유독 식물에 의한 중독 증상을 분류해 보면 소화기 독성 · 신경계 독성 · 호흡계 독성 · 순환계 독성 · 최기형 독성 · 발암

범부채

촉진 작용 및 알레르기 등으로 분류할 수 있으나, 아직은 일부 유독 식물을 제외하고는 중독의 기전이 밝혀지지 않은 것이 더 많다.

유독 식물에 의한 중독은 과량 복용에 의한 급성 중독과 장기간 복용에 의한 만성 중독으로 나눌 수 있다. 지금까지 보고된 대부분의 중독 사고는 과량 복용에 의한 급성 중독으로, 섭취한 식물에 따라 차이가 있으나 일반적으로 복통 · 구토 · 설사 등의 위장관 증상을 호소하게 되며, 심하면 경련이나 호흡마비 · 심장마비 등을 일으켜서 사망하게 된다. 따라서 유독 식물을 복용하였을 때에는 빨리 독물을 체외로 배출시킨 후 독물에 의한 위장관 손상을 최소화하기 위한 조치를 취해야 한다. 또 혈액 중의 농도를 희석시키는 등의 조치 외에도 각 독물의 종류에 따른 해독법을 강구해야 하는데, 이에 대하여는 다음에 기술하는 일반적인 해독법의 항이나 각 유독 식물의 해독법의 항을 참조하기 바란다.

1. 독식물의 독작용

유독 식물의 독성분 및 독작용은 식물에 따라 천차만별이나 그 중 대표적인 독초로는 조선 시대에 사약(賜藥)으로도 이용된 바 있는 초오(草烏)류와 외형이 창출(蒼朮) 및 백출(白朮)과 유사하여 이들과 섞인 채로 처방됨으로써 귀중한 인명을 앗아 가기도 했던 미치광이풀 등이 있다.

① 초오류

초오류 생약은 미나리아재비과(Ranunculaceae)의 아코니툼속 식

각시투구꽃

물에 속하며, 중국에서 수입되는 부자(附子)와 우리 나라에서 생산되는 백부자 및 초오류가 있다. 이들 생약은 뿌리줄기를 짓찧어서 화살촉에 발라 동물 사냥에 이용하기도 하였을 정도로 독성이 강하다. 백부자의 기원이 되는 식물은 1종이며, 충북 이북에서부터 만주에 걸쳐 자라고 가을에 노란색의 꽃이 핀다. 초오의 기원이 되는 식물은 우리 나라의 산에서 흔히 볼 수 있는 식물로 가을에 투구 모양의 보라색의 아름다운 꽃이 피는데, 분류학자에 따라 약간의 견해 차이는 있으나 20종 내외이다. 마늘쪽 모양으로 생긴 뿌리줄기를 약용으로 하며, 주성분으로 aconitine · mesaconitine · hypaconitine 등이 함유되어 있다. aconitine은 성인의 경우 피하 주사 3~4mg이 치사량이고, 생약 자체의 경우 산지에 따라 약간의 차이는 있으나 5g 이상을 복용하면 위험하다. 그러나 물이나 증기 등으로 가공했을 경우 부자나 초오는 3~15g을 달여서 복용할 수 있는데, 맹독성인 aconitine이 물과 열에 의해 분해되어 독성이 훨씬 적은 benzoylaconine이나 aconine으로 변하기 때문이다.

초오류에 중독되면 입과 혀가 굳어지고 사지가 비틀리며, 두통 · 귀울림 · 소변빈삭 · 혈압강하 · 구토 · 복통 · 가슴떨림 등의 증상이 나타난다. 또 부자나 초오에는 강심 작용이 아주 강한 higenamine · coryneine 등이 함유되어 있다. higenamine의 경우 10억분의 1 농도에서, coryneine의 경우 100만분의 1 농도에서 강심 작용을 나타낸다. 이렇게 좋은 약효를 발휘하기 때문에 이들 생약이 유독한 줄 알면서도 강심제, 정력보강제, 진통제로 많이 사용하므로 때로는 생명을 잃는 경우도 있다. 분말 생약 0.5g에 2% 초산 10mL를 넣어서 가끔 흔들면서 수욕상에서 3분간 가온한 뒤 여과하고, 여액에 Meyer액 3방울을 넣으면 회백색의 침전이 생기므로 초오나 부자류임을 확인할 수 있다.

부자를 과학적으로 수치 가공하여 만들어진 독성이 약한 가공 부자는 약국에서 정제로 판매되고 있다.

② 미치광이풀, 독말풀

미치광이풀, 독말풀은 가지과(Solanaceae)에 속하는 여러해살이풀로 우리가 흔히 접할 수 있는 유독 식물이다. 미치광이풀은 강원(설악산), 경기(천마산 · 광덕산), 경북(주흘산), 전북(덕유산) 등의 계곡에 많이 나며 4월경에 작은 나팔 모양의 자색 꽃이 핀다. 삽주(창출 · 백출의 기원 식물)와 유사한 모양의 뿌리줄기가 발달되어 있으며, 이 뿌리줄기를 낭탕근이라 하여 진통 · 진경제로 약용한다. 독말풀은 열대 아메리카 원산의 귀화 식물로 약초로 재배하고 있으나 집 근처 빈 터나 밭 주변에서도 가끔 눈에 띈다. 이들 생약의 주성분은 *l*-hyoscyamine, scopolamine · atropine (*d,l*-hyoscyamine) 등으로 이들 성분은 부교감신경 말초를 마비시켜 소화기 계통의 내장 운동을 억제하고, 분비신경 말단을 마비시켜 선분비를 억제하여 땀이 안 나오게도 하며, 평활근의 경련을 억제하는 작용도 있다. 이 식물에 중독되면 눈앞이 캄캄해지고, 호흡이 느려지며, 발열 · 흥분 · 불안 · 환각 증상이 나타난다. atropine의 경우 10mg 이상, 미치광이풀의 뿌리줄기는 10g 이상 먹었을 때 생명의 위험성이 있을 정도로 유독하다. 이런 생약들은 종종 분말 생약으로도 이용되므로 검출법이 몇 가지 있는데, 그 중에서도 Vitali 반응이 유명하다. Vitali 반응은 분말 생약으로부터 알칼로이드 성분을 분리하고 dimethylformamide와 tetraethylammonium hydroxide 시약을 가하면 적자색을 띠게 되는 것으로 쉽게 검출할 수 있다.

미치광이풀

2. 독식물의 해독법

천연물은 예로부터 현대에 이르기까지 인류의 질병 치료에 이용되어 왔다. 그러나 과용이나 오용에 의한 중독 사고에 대한 체계적인 연구는 거의 없는 실정이며, 대부분의 경우 중독 환자의 치료는 유독 물질을 불활성화시키거나 배출시키는 국소 해독제 또는 대증요법과 생명유지요법 같은 방어적인 방법에 주로 의존하고 있는 실정이다.

이 방어적인 방법들도 치료에 빠뜨릴 수 없는 중요한 처치법이기는 하나, 신속하고도 유용한 독성 물질 분석법의 개발과 독성학 및 식물 성분 연구의 발달로 각 독성 물질의 작용 기전을 밝혀서 효율적인 독식물이나 독버섯에 의한 중독 치료법 및 전신적 치료제의 개발이 이루어져야 한다.

대증요법이나 생명유지요법은 일반 병원에서도 일상적으로 시행되고 있는 처치법이므로 여기에서는 전문적인 지식이 요구되는 능동적 처치법을 총론 위주로 기술하고자 하며, 각론은 각 식물의 항을 참조하기 바란다.

• 처치법의 분류

(1) 방어적 처치법

① 대증요법 (對症療法, symptomatic therapy)

환자의 상황에 따라 적절히 처치한다(구토시 진정제의 투여 · 경련시에는 항경련제의 투여 등).

② 지지요법 (支持療法, supportive therapy)

환자의 체온 · 호흡 · 혈압 · 전해질 균형 등 생명 유지에 필요한 기능을 항상성 있게 유지시킨다.

(2) 능동적 처치법

이 처치법은 일단 흡수된 유독 식물의 유독 성분의 종류 및 이들의 생화학적 · 생리학적 작용 기전에 대한 이해가 선행되어야 하며, 이에 따라 유독 물질의 배출 및 해독 방법이 달라진다.

① 유독 성분의 체내 흡수 억제

㉠ 최토

많은 독성 물질은 자체 기전에 의해 구토를 유발하지만 (살리실산염 · 카페인 · 철분 등) 충분량이 아직도 위 내에 잔류하고 있으므로 구토를 유발시켜 더 이상의 흡수를 차단하여야 한다. 위가 차 있지 않으면 최토가 어려우므로 보통 한두 잔의 음료를 마시게 한 다음 구토를 유발시킨다. 가정에서 사용할 수 있는 방법은 환자를 엎드리게 한 다음 입 안에 손가락을 넣어 구토를 유발시키는 것이다. 이 때 구토물의 역류를 방지하기 위하여 환자의 머리를 낮추고 다리를 올려 주어야 한다. 비눗물, 소금물 또는 황산구리 용액으로 구토를 유발시키는 방법도 있으나 그다지 유효하지 못하고 부작용을 동반할 수 있다.

최토를 목적으로 가장 유효하게 사용할 수 있고, 그 자체의 독성이 낮은 것은 토근(ipecac) 시럽이다. 약효 성분인 emetine은 중추와 위장을 자극하여 구토를 유발하는데, 그 효과가 신속하다. 보통 독성 물질을 흡수한 지 1시간 이내에 사용해야 그 효과를 기대할 수 있다.

emetine은 심장 및 혈관계에 독성(서맥 · 저혈압 등)을 나타내므로 사용량에 주의하여야 한다. 특히 환자가 의식 불명일 때와 경련을 일으킬 때에는 사용하지 않는 것이 좋은데, 경련을 일으킬 때 사용하면 구토물이 다시 기도로 침입하여 폐렴을 유발할 수 있으며, 환자가 흥분 상태에 있으므로 더 이상 중추 신경계를 자극하지 않기 위해서이다.

그 밖에 병원에서 피하 주사로 사용할 수 있는 apomorphine이 있다. apomorphine은 구토 중추를 자극하여 최토시키는데, 그 작용은 피하 주사 3~5분 후에 발현하여 매우 신속하다. apomorphine은 중추 신경계에 억제 작용을 나타내므로 혼수 상태에 있는 환자에게는 금기이다.

어떤 방법으로 구토를 유발시켰든 구토물은 사후 분석용으로 보관하여 치료에 응용할 수 있어야 한다.

㉡ 위세척

위세척은 위장에서 흡수되지 않은 독성 물질을 씻어 내는 것으로 최토시킨 후에 실시하는 것이 바람직하다. 최토와 비교하면 이것은 병원에서만 실시할 수 있다는 제한점이 있으나, 독성 물질 섭취 4시간 이후에도 유효하다는 장점이 있다. 독성 물질 섭취시 위 내에 음식물이 있어 흡수가 지연된 경우에는 4시간 이상 경과 후에도 그 유효성이 인정된다. 또 의식불명인 환자에게도 실시할 수 있다는 장점이 있다. 그러나 strychnine 중독 등에 의한 경련 환자에게는 세척관이 환자의 흥분 상태를 더욱 악화시키므로 주의를 요한다.

위세척액은 가능한 한 독성 물질을 불활성화시키거나 해독시킬 수 있는 것을 사용하는 것이 바람직한데, 0.02% 또는 0.01% 과망간산칼륨액을 사용하면 strychnine · nicotine · physostigmine · quinine 등의 유기 화합물을 산화시켜 불활성화하는 효과를 기대할 수 있다. 3~5% 타닌산 용액은 apomorphine · strychnine · quinine 등의 알칼로이드와 알루미늄 · 납 · 은 등의 중금속을 침전시켜 흡수를 저하시킨다. 그러나 과량 사용하면 그 자체가 간독성을 나타내므로 용량에 주의하여야 한다.

ⓒ 피부에서의 흡수 억제

식물의 즙액이 피부에 강한 유독 작용을 나타내거나, 피부를 통해 전신적으로 유해한 작용을 나타내는 경우는 많지 않으나, 유해한 식물의 즙액(파두유 · 대극 · 천남성 · 박새 등)이 피부에 묻었을 경우에는 깨끗한 물로 씻어 낸다. 특히 눈에 묻었을 경우에는 10분 이상 씻어 내는 것이 좋다.

ⓔ 사하

유독 식물이 섭취된 후 1시간 이상 경과하였을 경우에는 전해질 균형을 깨뜨리지 않도록 주의하면서 하제를 사용하여 장 내로 진입한 독성 물질을 배설시켜 흡수를 억제한다.

하제의 선택시 알로에, 피마자유 등은 자체의 독성이 강할 뿐더러 지용성 독성 물질의 흡수를 촉진시키므로 사용해서는 안 된다. 대표적으로 사용되는 염류 하제로는 황산나트륨(芒硝)이다. 성인의 경우 황산

박쥐나무

나트륨은 30g을 300mL의 물에 용해시켜 사용한다. 황산마그네슘도 자주 사용된다. 흡수된 마그네슘은 신속히 신장을 통하여 배설되지만 신장 기능에 장애가 있는 환자는 마그네슘이 축적되어 신경계를 마비시킬 수 있으므로 주의해야 한다.

㉤ 이뇨

일단 위장관 내에서 체내로 흡수된 독성 물질은 이뇨 작용을 촉진시켜 오줌으로 배설시킴으로써 독성 발현을 감소시킬 수 있다.

가정이나 야전에서 손쉽게 할 수 있는 것은 다량의 음료를 마시게 하거나 혈관 내로 포도당 등을 주입하여 수분이뇨(water diuresis)를 촉진하는 것이다. 만니톨이나 요소를 이용한 삼투이뇨(osmotic diuresis)는 근위세뇨관에서의 재흡수가 차단되므로 훨씬 효과적이다. 또 요(尿)의 pH를 조절하여 약물의 배설을 촉진할 수 있는데, phenobarbital, 유기산 등과 같은 산성 물질은 요를 알칼리성으로(소다수를 정맥 주사) 조절하며, 알칼로이드와 같은 염기성 물질은 요를 산성으로 (염화암모늄 또는 비타민 C를 정맥 주사) 조절하여 이온화된 양을 증가시켜 배설을 촉진한다. 삼투 이뇨제와 요의 pH를 동시에 조절하면 매우 유효하게 약산 또는 약염기성의 독성 물질을 배설시킬 수 있다. 기타 증상이 심한 경우에는 투석(透析)에 의해 독성 물질을 제거할 수 있다.

② 국소 해독제

국소 해독제는 위장관 내에 남아 있는 독성 물질의 용해도를 떨어뜨리거나 흡수율을 저하시키기 위하여 독성 물질을 중화시키거나 또는 흡착시키기 위하여 사용한다. 국소 해독제는 최토나 위세척을 실시한 후에 사용하는 것이 효과적이며, 경우에 따라 위세척액에 용해시켜 사용할 수 있다.

과망간산칼륨은 strychnine · securinegine · nicotine · physostigmine · quinine 등의 알칼로이드를 산화시키거나 침전시키나 무기 화합물에는 효력이 없다. 주의할 것은 과망간산칼륨은 부식 작용이 있으므로 반드시 물로 위를 세척해야 한다.

달걀 흰자 단백질은 비소 등의 독성 물질을 흡착 · 침전시켜 흡수를 감소시키며, 위장 점막을 보호하는 역할을 한다. 우유 단백질도 독성 물질과 반응하여 불용성 화합물을 생성하는 작용을 가지고 있다. 우유 내의 칼슘은 플루오르, 옥살산(oxalic acid) 등과 반응하여 불용성 염을 형성하여 흡수를 차단한다. 우유는 독성 물질에 의한 위의 자극을 완화시키나, 한편 지용성 물질의 흡수를 촉진하므로 주의해야 한다.

활성탄은 거의 모든 독성 물질을 비특이적으로 흡착시켜 위장 내에서의 흡수를 차단하는 매우 유용한 국소 해독제이다. 그러나 메탄올 · 에탄올 · 산 · 알칼리 · 초산 등의 중독시에는 효력이 약하다. 활성탄은 위장 내의 효소나 기타 물질도 흡착시키므로 그 유효성을 기대하기 위해서는 독성 물질의 5배 내지 10배의 양을 사용해야 한다. 활성탄은 분말을 물에 타서 먹이는 것이 가장 유효하고, 정제로 투여하거나 또는 분말을 청량 음료나 우유 등에 타 먹이는 것은 활성탄이 음료 성분과 결합하므로 효력이 감소된다. 활성탄이 없을 경우에는 숯을 갈아서 물에 타 먹이는 것도 좋은 방법이다.

③ 전신 해독제

일단 흡수된 독성 물질에 대해서는 그 작용을 선택적으로 중화하거나 상쇄시킬 수 있는 해독제의 사용으로 독성 발현을 감소시킬 수 있다. 해독제의 사용은 매우 유용한 치료 수단이 될 수 있으나 몇몇 식물(독말풀 · 미치광이풀 및 사리풀 중독에 pilocarpine · neostigmine 등의 사용)을 제외한 대부분의 독식물에 있어서 유효하고 선택적인 해독제는 사실 존재하지 않는다. 유효하고 선택적인 해독제가 없는 유독식물에 의한 중독에는 대증요법 및 지지요법이 중요하다.

산자고

뱀 톱

Lycopodium serratum **Thunb.**

석송과

산지의 그늘진 곳에서 자라는 늘푸른 여러해살이풀로, 높이 7~25cm이고 밑부분이 약간 비스듬히 서며 원줄기가 갈라지기도 한다. 잎은 길이 0.6~2cm, 너비 0.1~0.5cm로 함께 모여 나며 녹색이고 좁은 피침형이며 편평하다. 잎의 가장자리에는 불규칙한 톱니가 있으며 끝이 뾰족하다. 포자낭(胞子囊)은 보통 잎겨드랑이에 달리며 콩팥 모양이다. 윗부분 끝의 무성아(無性芽)는 길이 5mm로 짙은 녹색이며, 3개의 작고 두꺼운 잎으로 싸여 있고, 떨어지면 싹이 돋는다.

＊효능 지상부를 천층탑(千層塔)이라 하며, 폐렴·피부병·치질로 인한 출혈·타박상·종기 등의 치료에 사용한다. 9~10월에 채취하며, 15~30g을 달여서 복용하거나 고기와 함께 삶아 복용한다.

＊중독 증상 과량 복용하면 어지럼증·식은땀·시력장애·혈압강하 등의 증상이 나타난다.

＊해독법 위를 세척하고 atropine 등의 길항제(拮抗劑)를 투여한다.

속 새

***Equisetum hyemale* L.**

속새과

제주도와 강원도 이북의 숲 속 습지에서 자라는 늘푸른 여러해살이풀로, 땅속줄기는 옆으로 벋으며 여러 줄기가 함께 모여 나는 것처럼 보인다. 줄기는 짙은 녹색으로 가지가 없고, 마디와 마디 사이에는 10~18개의 능선(稜線)이 있다. 퇴화된 비늘잎은 서로 붙어 마디 부분을 완전히 둘러싸서 엽초(葉鞘)로 된다. 포자낭수(胞子囊穗)는 길이 0.6~1cm로 처음에는 녹갈색이나 차차 황색이 되며, 원줄기 끝에 곧추 달리고 원추형이며 끝이 뾰족하다. 원줄기는 능선에 규산염이 축적되어 있어 딱딱하며, 나무를 가는 데 사용하였다.

＊효능 지상부를 장출혈·치질의 지혈제 또는 안질환 치료제로 사용한다.

＊중독 증상 과량 복용하면 설사·위장장애 등의 증상이 나타난다.

＊해독법 복용을 중지하면 바로 회복되나, 증상이 심하면 0.05% 과망간산칼륨액 또는 0.5% 활성탄 현탁액으로 위를 세척하고, 달걀 흰자를 복용시켜 위장점막을 보호한다.

쇠고비

***Cyrtomium fortunei* J. Smith**

면마과

남부 지방 및 남쪽 섬에서 자라는 늘푸른 여러해살이풀로, 뿌리줄기는 덩어리같이 굵고 마디 사이가 짧기 때문에 끝에서 여러 개의 잎이 함께 나오며 깃 모양으로 갈라진다. 잎자루 밑부분에 조밀하게 나온 비늘잎은 긴 타원상 피침형으로 끝이 뾰족하다. 쪽잎은 넓은 피침형으로 낫처럼 굽으면서 좁아져 끝이 뾰족해지고, 밑부분 위쪽에 귀 같은 돌기가 생기기도 하며, 가장자리가 불규칙한 파상(波狀)이지만 윗부분에는 뚜렷한 톱니가 있다. 포자낭군은 뒷면에 퍼져 있으며, 포막(苞膜)은 둥글다.

＊효능 뿌리줄기를 산지관중(山地貫衆)이라 하며, 감기·열병에 의한 반진(斑疹)·이질·간염에 의한 두통·토혈·유선염(乳腺炎)·결핵성경부림프선염·타박상 등의 치료에 사용한다. 9~15g을 달여서 복용한다.

＊중독 증상 과량 복용하면 두통·어지럼증·메스꺼움·구토 등 소화기 계통과 신경 계통에 중독 증상이 나타난다.

＊해독법 0.05% 과망간산칼륨액으로 위를 세척하고, 심한 경우에는 병원에서 치료한다.

참쇠고비

***Cyrtomium caryotideum* var. *koreanum* Nakai**

면마과

남쪽 섬에서 자라는 늘푸른 여러해살이풀로 뿌리줄기는 짧고 굵다. 잎은 모여 나며, 잎자루는 길이 60cm 정도로 밑부분에 흑갈색의 비늘잎이 밀포한다. 비늘잎은 끝이 갑자기 좁아져서 뾰족해진다. 잎은 13쌍 내외의 쪽잎으로 구성되며, 쪽잎의 가장자리에는 뾰족한 톱니가 있으나 끝에는 없다. 끝의 쪽잎은 바로 밑에 달린 쪽잎보다 넓고 짧으며, 다시 2~3개로 갈라진다. 포자낭군은 뒷면 전체에 달리고, 포막은 거의 둥글며 가장자리가 불규칙한 파상이고 익으면 중앙부가 짙은 갈색이 된다.

＊효능 뿌리줄기를 산지관중이라 하며, 감기·열병에 의한 반진·이질·간염에 의한 두통·토혈·유선염·결핵성경부림프선염·타박상 등의 치료에 사용한다. 9~15g을 달여서 복용한다.

＊중독 증상 과량 복용하면 두통·어지럼증·메스꺼움·구토 등 소화기 계통과 신경 계통에 중독 증상이 나타난다.

＊해독법 0.05% 과망간산칼륨액으로 위를 세척한다.

뿌리줄기

관 중
***Dryoteris crassirhizoma* Nakai**

면마과

전국의 산지에서 자라는 여러해살이풀로 뿌리줄기가 굵다. 잎은 길이 1m, 너비 25cm까지 자라며 잎자루는 잎몸보다 훨씬 짧다. 비늘잎은 윤채(潤彩)가 있으며 흑갈색이고 가장자리에 돌기가 있다. 잎몸은 새의 깃 모양으로 깊게 갈라지고, 쪽잎은 너비 1.5~2.5cm로 대가 없다. 열편은 긴 타원형이고, 포자낭군은 위쪽 쪽잎에 달리고 중륵(中肋) 가까이에 두 줄로 붙는다.

＊효능 뿌리줄기를 면마(綿馬)라 하며, 구충 및 출혈・대하・이하선염 등의 치료에 5~9g을 달여서 복용한다.

＊중독 증상 과량 복용하거나 부적절하게 수치(修治)된 것을 복용하였을 때 중독된다. 중독되면 어지럼증・두통・구토・복통・설사 등의 증상이 나타나고, 심하면 황달・경련・운동실조・호흡억제 및 심장쇠약 등의 증상이 나타난다.

＊해독법 0.05% 과망간산칼륨액으로 위를 세척하여 토하게 한 다음 황산마그네슘 20g으로 설사를 시킨다. 이 때 피마자유 등 지방성 설사약은 독성 물질의 흡수를 촉진시킬 수 있으므로 삼가야 한다. 또, 10% 포도당액 또는 포도당염액에 비타민 C 1~2g을 넣어 정맥 주사한다. 복통과 토사(吐瀉)가 심한 경우에는 atropine을 주사하고, 기타 대증요법을 실시한다.

암꽃

수꽃

소 철

***Cycas revoluta* Thunb.**

소철과

온실이나 집 안에서 주로 기르는 관상수로, 높이 1~4m이며 원주형으로 가지가 없고 끝에서 많은 잎이 돌려 나 퍼진다. 잎은 길이 8~20cm, 너비 5~8cm로 1회 깃꼴겹잎이고, 쪽잎은 어긋 나고 선형이며 가장자리가 다소 뒤로 말린다. 꽃은 암수딴그루로 길이 50~60cm, 너비 10~13cm이고, 수꽃은 원줄기 끝에 달리며 비늘잎 뒤쪽에 꽃밥이 달린다. 암꽃은 원줄기 끝에 둥글게 모여 달리고 위쪽에 황갈색의 털이 밀생한다. 종자는 편평하고 겉껍질은 적색이다.

***효능** 한방에서는 종자를 철수과(鐵樹果)라 하며 통경(通經)·소화·진해 등에 사용하고, 잎은 봉미초엽(鳳尾蕉葉)이라 하여 위통·월경폐지·난산·해소·타박상 등의 치료에 사용한다.

***중독 증상** 종자와 줄기의 끝에는 독이 있으므로 물에 우려내야 한다. 유독성분은 배당체 cycasin이며, 중독되면 어지럼증·구토 등의 증상이 나타난다.

***해독법** 0.1~0.02% 과망간산칼륨액 또는 0.5~4% 타닌산액으로 위를 세척하고 토하게 하며 기타 대증 처치 한다.

은행나무

***Ginkgo biloba* L.**

은행나무과

종자

갈잎큰키나무로 잎은 어긋 나지만 짧은 가지에서는 함께 모여 난 것처럼 보이며 부채 모양이다. 꽃은 암수딴그루로 5월에 잎과 같이 핀다. 수꽃은 1~5개의 꼬리모양꽃차례에 달리고, 암꽃은 한 가지에 6~7개씩 달리며, 2개의 배주(胚珠) 중 1개만 10월에 익는다. 열매는 10월에 황색으로 익으며 과육은 악취가 나고, 종자는 달걀 모양의 원형으로 백색이기 때문에 한방에서는 백과(白果)라고 한다.

＊효능 백과를 천식·몽정·소변빈삭 등의 치료에 사용한다.

＊중독 증상 과량 복용하면 부종의 증상이 나타나고, 생식(生食)하거나 장기 복용하면 메스꺼움·구토·복통·설사·발열·답답함 등의 증상이 나타나며, 심하면 경련·정신혼미·호흡곤란 및 동공반사소실 등의 증상이 나타나고 결국에는 호흡마비로 사망한다.

＊해독법 0.05% 과망간산칼륨액 또는 0.5% 활성탄 현탁액으로 위를 세척하고 달걀 흰자를 복용시켜 위점막을 보호한다. 관장이나 황산마그네슘으로 설사를 시키고 포도당염액을 정맥 주사 한다.

개비자나무

***Cephalotaxus koreana* Nakai**

주목과

열매

중부 이남의 습윤지에서 자라는 늘푸른떨기나무로 높이는 2~5m이다. 잎은 선형(線形)이며, 앞면은 녹색이고 주맥(主脈)이 뚜렷하며 뒷면은 백색을 띤다. 꽃은 암수딴그루로 3~4월에 핀다. 수꽃은 길이 5mm 내외의 편구형이며 10여 개의 포로 싸인 것이 하나의 꽃자루에 20~30개씩 달리고, 암꽃은 10여 개의 뾰족한 녹색 포로 싸인 것이 2개씩 한 곳에 달린다. 열매는 타원형이며, 종자는 적자색으로 10월에 익는다.

＊효능 종자를 구충 및 식체 등의 치료에 사용하며, 최근에는 잎에서 추출한 총 알칼로이드 분획(유효 성분은 cephalotaxine)을 림프육종·식도암·폐암 등의 치료에 사용한다.

＊중독 증상 가지나 잎 중에 함유된 알칼로이드 중 특히 harringtonine, homoharringtonine은 과량 투여하면 간장·신장·심장 등에 손상을 주어 부정맥·혈소판 감소·호흡곤란·모세혈관 확장 등의 부작용을 일으키므로 주의한다.

＊해독법 상용량에서 부작용은 거의 없으나, 중독 증상이 나타나면 투약을 중지하고 증상에 따라 대증 처치 한다.

토 란

***Colocasia antiquorum* var. *esculenta* Engl.**

천남성과

열대 아시아 원산으로 식용으로 재배하고 있는 여러해살이풀로 습한 곳에서 잘 자란다. 알줄기는 타원형으로 식용한다. 잎은 길이 30~50cm로 뿌리에서 돋아 높이 1m 정도까지 자라며, 달걀 모양의 넓은 타원형이고 양면에 털이 없으며 가장자리가 밋밋하고 잎 밑의 양끝이 귀처럼 처진다. 꽃은 거의 피지 않고 알줄기로 번식한다.

＊효능 알줄기 또는 식물 전체를 급성 경부림프선염·창상출혈·뱀이나 벌레에 물린 상처·옴·소아탈항 등의 치료에 사용한다.

＊중독 증상 독성이 비교적 강하여 생식하거나 과량 복용하면 알줄기에 함유되어 있는 cyanoglucoside로 인해 쉽게 중독된다. 중독되면 인후발열(咽喉發熱)·후두(喉頭)의 가려움·구강 부어오름·침흘림·메스꺼움·구토·복통·설사·정신혼미 등의 증상이 나타난다.

＊해독법 즉시 토하게 하고 1% 초산액으로 위를 세척한다. 식초나 생강즙을 복용시키고 기타 대증요법을 실시한다.

알줄기

반 하

Pinellia ternata **(Thunb.) Breit.**

천남성과

전국의 밭이나 들에서 자라는 여러해살이풀로 알줄기는 지름 1cm 내외이고 1~2개의 잎이 나온다. 잎자루는 길이 10~20cm이며, 잎은 3개의 쪽잎으로 이루어진다. 불염포(佛焰苞)는 길이 6~7cm로 녹색이다. 꽃자루는 높이 20~40cm로 알줄기에서 나온다. 꽃차례의 밑부분에 암꽃이 달리고, 윗부분에 수꽃이 1cm 정도의 길이에 밀착하며, 그 윗부분은 길이 6~10cm로 꼬리 모양으로 길게 연장되어 비스듬히 선다.

＊효능 알줄기를 반하(半夏)라 하며 구토·위암·식체·기침가래·신장염 등의 치료에 사용한다. 일반적으로 생강즙에 담가 수치한 후 사용한다.

＊중독 증상 생식하거나 과량 복용하면 중독을 일으키는데, 보통 0.1~2.4g 정도 생식하면 중독된다. 구갈·위장기능저하·구강 및 인후동통·부종·메스꺼움·가슴이 답답함·실음(失音)·호흡곤란 등 구강·인후·위점막·신경 계통에 중독 증상이 나타나고 결국에는 전신마비로 사망한다.

＊해독법 위를 세척하거나 토하게 한 다음 묽은 식초나 오차, 또는 과즙을 복용시킨다.

천남성
Arisaema amurense **Maxim.**

천남성과

전국의 산지에서 자라는 여러해살이풀로, 알줄기는 구형이며 주위에 작은 알줄기가 2~3개 달리고, 수염뿌리가 사방으로 퍼진다. 원줄기는 높이 15~30cm로 짙은 녹색이며 1개의 잎이 달린다. 쪽잎은 길이 8~15cm로 5개이며 타원형으로 끝이 뾰족하고 가장자리에 톱니가 있거나 없다. 꽃은 암수딴그루로 5~7월에 피며, 꽃차례의 연장부는 곤봉 모양이다. 장과(漿果)는 적색으로 익고 옥수수알 모양으로 달린다.

＊효능 알줄기를 천남성(天南星)이라 하며 중풍·구안와사·반신불수·간질·결핵성경부림프선염·구토·뱀이나 벌레에 물린 상처 등의 치료에 사용한다. 3~5g을 달여서 복용한다.

＊중독 증상 생식하여 중독되면 인후가 타는 듯하고, 입과 혀가 굳으며, 침흘림·인후충혈·구강미란 등의 증상이 나타난다. 또 중추신경 계통에 영향을 주어 어지럼증·사지마비·질식 등의 증상이 나타난다. 피부에 접촉되면 피부가 가렵고 붓는 증상이 나타난다.

＊해독법 과망간산칼륨액으로 위를 세척한 후 묽은 초산·타닌산액·농차 등을 내복시킨다. 산소를 공급하고 필요시에는 기관절개술을 행하며 수액을 보충한다.

두루미천남성
Arisaema heterophyllum Bl.

천남성과

전국의 산지에 드물게 자라는 여러해살이풀로 높이 50cm이고, 알줄기는 편평한 구형으로 윗부분에서 수염뿌리가 사방으로 퍼진다. 잎은 1개이며 잎자루가 길고 13~19개의 쪽잎들로 이루어진다. 꽃은 암수딴그루로 5~6월에 피고, 꽃차례의 연장부는 채찍처럼 길게 자라 높이 솟으며 꽃차례축에 많은 꽃이 밀착한다. 장과는 적색으로 익는다.

***효능** 알줄기를 천남성이라 하며 중풍・구안와사・반신불수・간질・결핵성경부림프선염・구토・뱀이나 벌레에 물린 상처 등의 치료에 사용한다. 3~5g을 달여서 복용한다.

***중독 증상** 생식하여 중독되면 인후가 타는 듯하고, 입과 혀가 굳으며, 침흘림・인후충혈・구강미란 등의 증상이 나타난다. 또 중추신경 계통에 영향을 주어 어지럼증・사지마비・질식 등의 증상이 나타난다. 피부에 접촉되면 피부가 가렵고 붓는 증상이 나타난다.

***해독법** 과망간산칼륨액으로 위를 세척한 후 묽은 초산・타닌산액・농차 등을 내복시킨다. 산소를 공급하고 필요시에는 기관절개술을 행하며, 수액을 보충한다.

무늬천남성

***Arisaema thunbergii* Bl.**

천남성과

남쪽 섬에서 자라는 여러해살이풀로, 알줄기는 편평한 구형이며 작은 알줄기가 옆에 달리고, 수염뿌리가 윗부분에서 사방으로 퍼진다. 잎은 1개이며 길이 30~60cm의 잎자루가 있고, 쪽잎은 9~17개이며 잎의 가장자리에는 톱니가 없다. 꽃은 암수딴그루이며 5월경에 피고, 꽃차례는 윗부분이 흑자색이고 채찍처럼 30~50cm로 길어지며 밑에서 위로 나와 곧게 섰다가 밑으로 처진다.

* **효능** 알줄기를 천남성이라 하며 중풍·구안와사·반신불수·간질·결핵성경부림프선염·구토·뱀이나 벌레에 물린 상처 등의 치료에 사용한다. 3~5g을 달여서 복용한다.

* **중독 증상** 생식하여 중독되면 인후가 타는 듯하고, 입과 혀가 굳으며, 침흘림·인후충혈·구강미란 등의 증상이 나타난다. 또 중추신경 계통에 영향을 주어 어지럼증·사지마비·질식 등의 증상이 나타난다. 피부에 접촉되면 피부가 가렵고 붓는 증상이 나타난다.

* **해독법** 과망간산칼륨액으로 위를 세척한 후 묽은 초산·타닌산액·농차 등을 복용시킨다. 산소를 공급하고 필요시에는 기관절개술을 행하며 수액을 보충한다.

큰천남성

Arisaema ringens **Schott**

천남성과

남부 지방이나 남쪽 섬의 숲 속에서 자라는 여러해살이풀로 알줄기는 편평한 구형이다. 잎은 2개이며 3개의 쪽잎으로 구성되어 있다. 꽃은 5월에 피고, 꽃자루는 길이 3~10cm이며, 포는 겉은 녹색, 안쪽은 흑자색이지만 안쪽이 녹색인 것도 있다. 꽃차례의 연장부는 곤봉 모양으로 밑부분이 굵어진다.

＊효능 알줄기를 천남성이라 하며 중풍·구안와사·반신불수·간질·결핵성경부림프선염·구토·뱀이나 벌레에 물린 상처 등의 치료에 사용한다. 3~5g을 달여서 복용한다.

＊중독 증상 생식하여 중독되면 인후가 타는 듯하고, 입과 혀가 굳으며, 침흘림·인후충혈·구강미란 등의 증상이 나타난다. 또 중추신경 계통에 영향을 주어 어지럼증·사지마비·질식 등의 증상이 나타난다. 피부에 접촉되면 피부가 가렵고 붓는 증상이 나타난다.

＊해독법 과망간산칼륨액으로 위를 세척한 후 묽은 초산·타닌산액·농차 등을 복용시킨다. 산소를 공급하고 필요시에는 기관절개술을 행하며 수액을 보충한다.

넓은잎천남성

***Arisaema robustum* (Engl.) Nakai**

천남성과

전국의 산지에서 자라는 여러해살이풀로 높이 20~40cm이고, 알줄기는 편평한 구형이며 수염뿌리가 윗부분에서 사방으로 퍼진다. 잎은 1개씩 달리고 5개의 쪽잎으로 구성되며, 쪽잎의 가장자리는 물결 모양이다. 포는 녹색이지만 때로는 윗부분에 자줏빛이 돈다. 장과는 적색으로 익는다.

＊효능 알줄기를 천남성이라 하며 중풍・구안와사・반신불수・간질・결핵성경부림프선염・구토・뱀이나 벌레에 물린 상처 등의 치료에 사용한다. 3~5g을 달여서 복용한다.

＊중독 증상 생식하여 중독되면 인후가 타는 듯하고, 입과 혀가 굳으며, 침흘림・인후충혈・구강미란 등의 증상이 나타난다. 또 중추신경 계통에 영향을 주어 어지럼증・사지마비・질식 등의 증상이 나타난다. 피부에 접촉되면 피부가 가렵고 붓는 증상이 나타난다.

＊해독법 과망간산칼륨액으로 위를 세척한 후 묽은 초산・타닌산액・농차 등을 내복시킨다. 산소를 공급하고 필요시에는 기관절개술을 행하며 수액을 보충한다.

포를 제거한 꽃차례

열매

점박이천남성

***Arisaema angustatum* var. *peninsulae* Nakai**

천남성과

산지의 숲 속에서 자라는 여러해살이풀로 높이 20~80cm이고, 알줄기는 편평한 구형이며, 수염뿌리가 윗부분에서 사방으로 퍼진다. 줄기에는 많은 자줏빛 반점이 있고, 잎은 2개이다. 꽃자루는 길이 5~20cm이고, 포는 녹색으로 윗부분에 약간 자줏빛이 돌며, 꽃차례의 연장부는 곤봉 모양으로 위가 약간 앞으로 굽는다.

＊효능 알줄기를 천남성이라 하며 중풍・구안와사・반신불수・간질・결핵성경부림프선염・구토・뱀이나 벌레에 물린 상처 등의 치료에 사용한다. 3~5g을 달여서 복용한다.

＊중독 증상 생식하여 중독되면 인후가 타는 듯하고, 입과 혀가 굳으며, 침흘림・인후충혈・구강미란 등의 증상이 나타난다. 또 중추신경 계통에 영향을 주어 어지럼증・사지마비・질식 등의 증상이 나타난다. 피부에 접촉되면 피부가 가렵고 붓는 증상이 나타난다.

＊해독법 과망간산칼륨액으로 위를 세척한 후 묽은 초산・타닌산액・농차 등을 내복시킨다. 산소를 공급하고 필요시에는 기관절개술을 행하며 수액을 보충한다.

앉은부채
***Symplocarpus renifolius* Schott**

천남성과

꽃

중부 이북의 산에서 자라는 여러해살이풀로 원줄기는 없고, 잎은 길이 30~40 cm로 넓고 둥근 심장형이다. 꽃은 암수한그루로 2~3월에 피고 잎보다 먼저 1포기에 1개씩 나오며, 꽃자루는 길이 10~20cm이고, 포는 길이 8~20cm, 지름 5~12cm로 둥글게 꽃을 둘러싼다. 열매는 여름에 익고 둥글게 모여 달린다.

＊효능 뿌리는 진통·이뇨 및 기관지염·천식 등의 치료에 사용한다.

＊중독 증상 민간에서는 잎을 데쳐서 나물로 먹는 경우가 있는데, 과량 복용하면 구토·복통·설사·어지럼증·시각장애 등의 증상이 나타나므로 먹지 않도록 주의한다.

＊해독법 즉시 토하게 하고, 위를 세척한 다음 과일즙이나 오차를 마시게 한다.

여 로

***Veratrum maackii* var. *japonicum* T. Shimizu**

백합과

전국의 산지에서 자라는 여러해살이풀로 뿌리줄기는 짧고, 원줄기는 높이 40~60cm로 밑부분은 섬유로 싸여 있다. 잎은 어긋나고 엽초가 원줄기를 완전히 둘러싼다. 꽃은 7~8월에 피고 자줏빛이 도는 갈색으로, 꽃차례의 밑부분에 수꽃, 윗부분에 양성화가 달린다. 삭과(蒴果)는 길이 1.2~1.5cm로 끝에 암술대가 수평으로 달린다.

＊효능 살충 작용이 있어 민간에서 농약으로 사용하며, 뿌리는 중풍·전간·옴 등의 치료에 사용한다.

＊중독 증상 과량 복용하면 쉽게 중독되며, 이 식물을 함유한 외용제를 장기간 피부에 발라도 중독될 수 있다. 중독되면 상복부 및 흉골 뒤쪽의 동통·구토·설사·혈성대변·어지럼증·두통·식은땀 등의 증상이 나타난다. 피부에 접촉되면 피부 및 점막에 심한 동통이 있고 재채기와 눈물이 난다.

＊해독법 0.5% 과망간산칼륨액 또는 1% 타닌산액으로 위를 세척하고, 황산마그네슘으로 설사를 시킨다. 민간 요법으로 파를 끓여서 내복하거나 웅황·파뿌리·돼지기름을 농차에 섞어 냉복한다.

파란여로

***Veratrum maackii* var. *parviflorum* Hara et Mizushima**

백합과

산지의 숲 속에서 자라는 여러해살이 풀로 높이 50~100cm이고, 원줄기 밑부분에 잎이 달린다. 꽃은 지름 1cm 정도이고, 꽃차례에는 털이 있다. 꽃잎은 6개로 긴 타원형이며 녹색 바탕에 연한 자줏빛이 돈다. 삭과는 타원형으로 3줄이 있고 끝이 3개로 갈라진다.

＊효능 살충 작용이 있어 민간에서 농약으로 사용하며, 뿌리는 중풍·전간·옴 등의 치료에 사용한다.

＊중독 증상 과량 복용하면 쉽게 중독되며, 이 식물을 함유한 외용제를 장기간 피부에 발라도 중독될 수 있다. 중독되면 상복부 및 흉골 뒤쪽의 동통·침흘림·구토·설사·혈성대변·어지럼증·두통·식은땀 등의 증상이 나타난다. 피부에 접촉되면 피부 및 점막에 심한 동통이 있고 재채기와 눈물이 난다.

＊해독법 0.5% 과망간산칼륨액 또는 1% 타닌산액으로 위를 세척하고, 황산마그네슘으로 설사를 시킨다. 민간 요법으로 파를 끓여서 내복하거나 웅황·파뿌리·돼지기름을 농차에 섞어 냉복한다.

참여로

***Veratrum nigrum* var. *ussuriense* Loes. fil.**

백합과

중부 이북의 깊은 산에서 자라는 여러해살이풀로 높이 1.5m 정도이고, 식물 전체는 박새와 비슷하나 꽃은 여로와 비슷하다. 꽃은 지름 1cm 정도로 9월에 피며 줄기 끝의 원추모양꽃차례에 달린다. 꽃잎은 6개로 흑자색이다.

***효능** 뿌리줄기는 강심·이뇨·혈압강하 등의 효능이 있으나 독성이 강하여 최근에는 비듬 제거제 등의 외용제에 주로 사용된다.

***중독 증상** 과량 복용하면 쉽게 중독되며, 이 식물을 함유한 외용제를 장기간 피부에 발라도 중독될 수 있다. 중독되면 상복부 및 흉골 뒤쪽의 동통·구토·설사·침흘림·혈성대변·어지럼증·두통·식은땀 등의 증상이 나타난다. 피부에 접촉되면 피부 및 점막에 심한 동통이 있고, 재채기와 눈물이 난다.

***해독법** 0.5% 과망간산칼륨액 또는 1% 타닌산액으로 위를 세척하고, 황산마그네슘으로 설사를 시킨다. 민간 요법으로 파를 끓여 내복하거나 웅황·파뿌리·돼지기름을 농차에 섞어 냉복한다.

박 새

Veratrum patulum **Loes. fil.**

백합과

전국 각지의 깊은 산에서 군락을 지어 자라는 여러해살이풀로 뿌리줄기는 굵고 짧다. 잎은 어긋 나며 타원형이다. 꽃은 지름 25cm로 7~8월에 피고 연한 황백색이며 원줄기 끝에 밀생한다. 수꽃과 암꽃이 있으며 각각 6개의 화피 열편과 수술이 있다.

＊효능 뿌리줄기는 강심・이뇨・혈압강하 등의 효능이 있으나 독성이 강하여 최근에는 비듬 제거제 등의 외용제에 주로 이용된다.

＊중독 증상 과량 복용하면 쉽게 중독되며 이 식물을 함유한 외용제를 장기간 피부에 발라도 중독될 수 있다. 중독되면 상복부 및 흉골 뒤쪽의 동통・침흘림・구토・설사・혈성대변・어지럼증・두통・식은땀 등의 증상이 나타난다.

＊해독법 0.5 % 과망간산칼륨액 또는 1 % 타닌산액으로 위를 세척하고, 황산마그네슘으로 설사를 시킨다. 민간 요법으로 파를 끓여서 내복하거나 웅황・파뿌리・돼지기름을 농차에 섞어 냉복한다.

흰여로

***Veratrum versicolor* Nakai**

백합과

산지에서 자라는 여러해살이풀로 뿌리줄기는 짧다. 잎은 타원형이고, 꽃은 7~8월에 피며 백색으로 원줄기 끝의 원추모양꽃차례에 달린다. 수술과 꽃잎은 각각 6개이며, 삭과는 타원형이다.

＊효능 뿌리줄기는 강심·이뇨·혈압강하 등의 효능이 있으나 독성이 강하여 최근에는 비듬 제거제 등의 외용제에 주로 이용된다.

＊중독 증상 과량 복용하여 중독되면 상복부 및 흉골 뒤쪽의 동통·침흘림·구토·설사·혈성대변·어지럼증·두통·식은땀 등의 증상이 나타난다.

＊해독법 0.5% 과망간산칼륨액 또는 1% 타닌산액으로 위를 세척하고, 황산마그네슘으로 설사를 시킨다. 민간 요법으로 파를 끓여서 내복하거나 웅황·파뿌리·돼지기름을 농차에 섞어 냉복한다.

산자고

***Tulipa edulis* Bak.**

백합과

전국의 산이나 풀밭의 양지에서 자라는 여러해살이풀로 비늘줄기는 길이 3~4cm로 둥글다. 뿌리잎은 2개이며 선형이고, 꽃은 지름 2~2.5cm로 4~5월에 핀다. 꽃잎은 6개이고 백색 바탕에 자줏빛 줄이 있다. 삭과는 녹색이며 거의 둥글고 세모진다.

＊효능 비늘줄기를 산자고(山慈姑)라 하며 결핵성경부림프선염·암·산후 태반잔류·뱀이나 개에게 물린 상처 등의 치료에 사용한다. 3~6g을 달여서 복용하거나, 짓찧어서 즙을 내어 바른다.

＊중독 증상 중독되면 복용 후 2~3시간 후에 메스꺼움·구토·복통·설사 및 수양변(水樣便)·혈변 등의 증상이 나타나며, 이에 따라 중추신경 계통이 마비되어 기절한다. 심하면 골수의 조혈 기능이 장애를 받아 사망한다. 유독 성분은 colchicine으로 알려져 있다.

＊해독법 아직까지 특별한 해독약은 없으나, 구급시에는 위를 세척하고, 설사유도·전해질평형유지·산소공급·졸도방지 등의 대증요법을 실시한다.

열매

은방울꽃

***Convallaria keiskei* Miq.**

백합과

산지에서 무리를 지어 자라는 여러해살이풀로 땅속줄기가 옆으로 길게 벋고, 밑에서 2개의 잎이 나와 아랫줄기를 서로 얼싸안아 원줄기처럼 된다. 잎몸은 긴 타원형 또는 달걀 모양의 타원형으로, 표면은 짙은 녹색이고 뒷면은 연한 흰빛이 돈다. 꽃자루는 길이 20cm 정도이며 백색의 작은 종 모양의 꽃이 꽃차례에 여러 개 달려 매우 아름답다. 장과는 지름 6mm 정도로 둥글며 적색으로 익는다.

＊효능 열매는 뿌리와 더불어 강심 및 이뇨제로 사용한다.

＊중독 증상 과량 복용하거나 장기 복용하면 중독될 수 있다. 중독되면 식욕감퇴 · 타액분비과다 · 메스꺼움 · 구토 등 소화기 계통의 중독 증상이 나타나며, 심하면 메스꺼움 · 두통 · 심계항진 등 순환기 계통의 중독 증상이 나타난다.

＊해독법 급성 중독의 초기에는 1~2% 타닌산액 또는 약용탄 분말과 물의 혼합액으로 위를 세척한다. 복통 · 설사의 경우에는 복방 캠퍼정 2~5mL를 사용하는 등의 대증요법을 실시한다.

삿갓나물

Paris verticillata **Bieb.**

백합과

산야의 숲 속에서 자라는 여러해살이풀로 뿌리줄기는 옆으로 길게 벋는다. 원줄기는 높이 20~40cm로 자라며, 끝에서 6~8개의 잎이 돌려 난다. 잎은 길이 3~10cm, 너비 1.5~4cm로 끝이 뾰족해지고 3맥이 있으며 털이 없다. 꽃은 6~7월에 피며, 잎 중앙에서 나온 꽃자루 끝에 1개의 꽃이 위를 향해 핀다. 바깥쪽의 꽃잎은 4~5개로 녹색이고, 장과는 둥글며 자흑색이다.

＊효능 뿌리줄기는 진해·항균 등의 효능이 있어 기침에 3~5g을 달여서 복용한다.

＊중독 증상 과량 복용하면 메스꺼움·구토·두통 등의 중독 증상이 나타나고, 심하면 경련을 일으킨다.

＊해독법 위를 세척하고 설사를 시킨 다음, 묽은 초산 또는 감초 15g을 물에 달여서 적당량의 초산과 생강즙 60g을 넣어 혼합한 액을 반 정도는 삼키고 반 정도는 입에 물고 있도록 한다. 경련이 일어나면 항경련제를 사용한다.

흰꽃나도사프란

Zephyranthes candida **Herb.**

수선화과

남아메리카 원산의 여러해살이풀로 관상용으로 심고 있다. 잎은 짙은 녹색으로 가늘고 두꺼우며 꽃자루보다 길고, 3~4월경에 새 잎으로 바뀐다. 꽃은 백색~연한 홍색이고, 꽃잎은 길이 2cm 정도로 6개로 갈라지고 긴 타원형이며, 7월부터 잎 사이에서 꽃자루가 나와 1개의 꽃이 위를 향해 핀다. 삭과는 3개로 녹색이고 벌어져서 종자가 나온다.

***효능** 식물 전체를 간풍초(肝風草)라 하며, 소아의 고열 및 경기에 효능이 있다. 10~15g을 달여 설탕을 타서 복용시킨다. 성분 중 lycorine은 최토 및 해열의 효능이 있다.

***중독 증상** 꽃이 피기 전에는 달래와 유사하여 식용할 우려가 있으므로 주의해야 한다.

***해독법** 0.5%의 과망간산칼륨액으로 위를 세척한 다음 토하게 한다. chlorpromazine이나 reserpine을 근육 주사하면 구토를 진정시킬 수 있다. 복방 염화나트륨 또는 포도당염액을 정맥 주사하여 전해질 평형을 유지시킨다.

문주란
***Crinum asiaticum* var. *japonicum* Bak.**

수선화과

제주도의 토끼섬에서 자생하는 늘푸른 여러해살이풀로 관상용으로 많이 재배한다. 비늘줄기는 높이 30~50cm로 기둥 모양이다. 잎은 끝이 뾰족하고 밑부분이 엽초로 되어 비늘줄기를 둘러싼다. 꽃은 7~9월에 피며, 꽃자루는 높이 50~80cm이고 우산모양꽃차례에는 많은 꽃이 달리며, 꽃잎은 백색으로 향기가 있다. 삭과는 둥글며, 종자는 길이와 너비가 각각 2~2.5cm로 둔한 능선이 있고 회백색이며 둥글고 해면질이다.

***효능** 뿌리를 곤충에 물리거나 삔 곳, 피부궤양 등의 상처에 외용한다.

***중독 증상** 연한 가지에 독성이 큰 알칼로이드를 함유하므로 복용에 주의하지 않으면 쉽게 중독된다. 중독되면 복통·변비 후 하리·빈맥·호흡장애·발열 등의 증상이 나타난다.

***해독법** 농차 또는 1~2% 타닌산액을 복용시키거나 과망간산칼륨액으로 위를 세척한 후 설사를 시킨다. 경련이 일어나면 항경련제를 투여하는 등 증상에 따라 대증요법을 실시한다.

석 산 (꽃무릇)

***Lycoris radiata* Herb.**

수선화과

남쪽 지방의 습한 야지에서 자라고 절에서 흔히 심는 여러해살이풀로, 비늘줄기는 지름 2.5~3.5cm이고 바깥 껍질은 흑색이다. 9~10월에 잎이 없어진 비늘줄기에서 나온 꽃자루에 큰 꽃이 우산 모양으로 달린다. 꽃은 적색이고 꽃잎은 6개이다. 수술은 6개이고 열매를 맺지 못하며 꽃이 진 다음 잎이 나온다.

***효능** 비늘줄기를 거담(祛痰) 및 최토제로 사용하며, 알칼로이드를 제거하면 좋은 녹말이 얻어진다.

***중독 증상** 과량 복용하면 침흘림·구토·물똥에 백색 점액이 섞여 나오는 등의 증상이 나타난다. 심하면 혀가 굳고 언어장애·서맥(徐脈)·사지궐랭에 이어 맥이 약해져 기절한다. 결국에는 호흡중추마비·혈액순환장애에 의해 사망한다. 피부에 접촉되면 홍반(紅斑)과 가려움증이 나타나고, 냄새를 흡입하면 비출혈이 생길 수 있다.

***해독법** 0.5% 과망간산칼륨액으로 위를 세척한 다음 토하게 한다. chlorpromazine이나 reserpine을 근육 주사하면 구토를 진정시킬 수 있다. 복방 염화나트륨 또는 포도당염액을 정맥 주사하여 전해질 평형을 유지시킨다.

수선화

***Narcissus tazetta* var. *chinensis* Roem.**

수선화과

지중해 원산의 여러해살이풀로 관상용으로 재배하며, 비늘줄기는 달걀 모양이고 껍질은 흑색이다. 잎은 녹백색으로 늦가을에 자라기 시작한다. 꽃은 12~3월에 피며 꽃자루 끝에 5~6개가 옆을 향해 달리고, 포는 꽃봉오리를 감싼다. 화피 열편은 6개로 백색이며, 부화관은 높이 0.4cm로 황색이다. 종자를 맺지 못하며 비늘줄기로 번식한다.

***효능** 비늘줄기를 수선근(水仙根)이라 하며, 종기에 배농 및 소종의 목적으로 밀가루와 같이 반죽하여 붙인다.

***중독 증상** lycorine 등의 알칼로이드를 주로 함유하기 때문에 중독되면 구토·복통·식은땀·설사·호흡불균형·발열·혼수 등의 증상이 나타난다.

***해독법** 타닌산액을 복용하여 위를 세척하고, 기타 대증요법을 실시한다.

붓 꽃

Iris nertschinskia **Lodd.**

붓꽃과

전국의 산야에서 자라는 여러해살이풀로 높이 50~100cm이고, 뿌리줄기는 굵으며 옆으로 벋는다. 원줄기는 함께 모여 나고, 잎은 길이 30~50cm, 너비 0.5~1cm로 곧추 서며, 꽃은 자주색으로 5~6월에 피고 꽃자루 끝에 2~3개씩 달린다. 바깥쪽 꽃잎은 넓고 안쪽 꽃잎은 곧추 서며 작다. 삭과는 3개의 능선이 있고 방추형이며, 종자는 갈색이고 삭과 끝이 터지면서 나온다.

＊효능 뿌리줄기를 복통·소화불량·치질·옴·질타손상(跌打損傷) 등의 치료에 사용한다. 6~9g을 달여서 복용하거나 가루를 내어 복용한다. 옴에는 짓찧어서 환처에 붙인다.

＊중독 증상 과량 복용하면 어지럼증·구토·혈압강하 등의 증상이 나타난다.

＊해독법 타닌산액을 복용하여 위를 세척하고 배추를 달여서 즙을 마신다.

범부채

Belamcanda chinensis **(L.) DC.**

붓꽃과

전국의 산야에서 자라는 여러해살이풀로 높이 50~100cm이며, 뿌리줄기가 옆으로 벋고 잎은 어긋 난다. 잎은 좌우로 편평하며 두 줄로 부채살처럼 배열되고, 녹색 바탕에 다소 흰빛이 돈다. 꽃은 지름 5~6cm로 7~8월에 피며, 황적색 바탕에 짙은 반점이 있고 여러 개의 꽃이 가지 끝에 달린다. 꽃잎은 긴 타원형이고, 삭과는 길이 3cm 정도이며, 종자는 흑색으로 윤채가 있다.

＊효능 뿌리줄기를 사간(射干)이라 하며, 편도선염·결핵성림프선염·무월경·타박상·피부염 등의 치료에 사용한다. 3~5g을 달여서 복용하거나 가루를 내어 함수제(含漱劑)로 사용한다. 피부염에는 약을 달인 물을 바른다.

＊중독 증상 독성은 약하나, 임산부나 허약자, 위장 기능이 약한 사람은 장기간 복용하면 몸이 약해지거나 설사를 할 수 있으므로 복용하지 않는 것이 좋다.

＊해독법 설사·소화불량 등이 나타나면 복용을 중지하고 소화제나 수렴제 또는 위나 장의 기능을 정상화시키거나 향상시키는 trimebutin이나 domperidon 등의 약제를 복용한다.

광릉요강꽃 (광릉복주머니란)

Cypripedium japonicum **Thunb.**

난초과

중부 지방에서 자라는 여러해살이풀로, 원줄기는 높이 20~40cm로 곧추 자라고 줄기 끝에 2개의 큰 잎이 마주 난 것처럼 원줄기를 완전히 둘러싼다. 꽃은 지름 8cm 정도로 4~5월에 피고 연한 녹색이 도는 적색이며, 원줄기 끝에서 1개가 밑을 향해 달리고, 윗부분에 잎 같은 포가 1개 달린다. 꽃잎은 긴 타원형으로 위쪽 꽃받침잎과 거의 비슷한 형태이고 안쪽 밑부분에 털이 있다. 대단히 희귀한 식물이므로 가급적이면 채취하지 말고 잘 보호해야 한다.

***효능** 뿌리 및 전초를 선자칠(扇子七)이라 하며 피부가려움증·종기·월경불순 등의 치료에 사용한다. 뿌리 2g을 가루를 내어 말라리아 발작 1시간 전에 복용한다. 피부에는 전초를 짓찧어서 초와 배합하여 환부에 바른다.

***중독 증상** 구체적인 중독 증상의 기록은 없으나, 독성이 있다는 기록이 있으므로 용량에 주의해서 복용해야 한다.

***해독법** 중독 증상이 나타난 경우에는 바로 토하게 하고 증상에 따라 대증요법을 실시한다.

개불알꽃 (복주머니란)

***Cypripedium macranthum* Sw.**

난초과

전국의 산록에서 자라는 여러해살이풀로, 높이 25~40cm이고 마디에서 뿌리가 내린다. 잎은 3~5개이고 타원형으로 끝이 뾰족하며, 꽃은 5~7월에 피고 연한 홍자색이며 동그란 주머니 모양으로 원줄기 끝에 1개씩 달린다. 위쪽의 꽃받침잎은 달걀 모양으로 끝이 뾰족하고, 아래쪽의 것은 합쳐져서 끝만 2개로 갈라진다. 꽃이 주머니같이 생겼으므로 복주머니꽃이라고도 한다. 꽃이 예뻐서 남획당하여 멸종 단계에 있는 식물이므로 가급적이면 채취하지 말고 잘 보호해야 한다.

＊효능 뿌리 및 전초를 오공칠(蜈蚣七)이라 하며, 전신부종·백대하·류머티즘·타박상 등의 치료에 사용한다. 6~9g을 달여서 복용하거나 술에 담가 마신다.

＊중독 증상 구체적인 중독 증상의 기록은 없으나, 독성이 있다는 기록이 있으므로 용량에 주의해서 복용해야 한다.

＊해독법 중독 증상이 나타난 경우에는 바로 토하게 하고 증상에 따라 대증요법을 실시한다.

홀아비꽃대
***Chloranthus japonicus* Sieb.**

홀아비꽃대과

전국의 산지에서 자라는 여러해살이풀로 높이 20~30cm이다. 밑부분의 마디에 비늘 같은 잎이 달려 있으며, 뿌리줄기는 마디가 많고 흔히 덩어리처럼 된다. 잎은 4개가 함께 모여 나므로 돌려난 것같이 보인다. 꽃은 4월에 이삭모양 꽃차례에 달리며 백색이고 꽃잎이 없으며, 수술대는 3개이고, 열매는 길이 2.5~3mm로 달걀 모양이다.

＊효능 지상부를 은선초(銀線草)라 하며, 기침·월경폐지·피부가려움증·타박상 등의 치료에 사용한다. 2~3g을 달여서 복용하거나 술에 담가 마신다.

＊중독 증상 중독되면 구갈·구토·발열·빈맥·혈압상승·어지럼증·안면창백·동공축소·결막충혈·가슴두근거림 등의 증상이 나타난다.

＊해독법 중독 초기에 최토시키고 위를 세척하며, 수액을 정맥 주사 하여 독물의 배설을 촉진시키고 체액과 전해질의 평형을 유지시킨다. 정맥 주사시 포도당 염액에 비타민 C를 넣어 간을 보호한다. 당귀 9g, 흑두 20알을 물에 끓여서 복용한다.

꽃 대

***Chloranthus serratus* Roem. et Schult.**

홀아비꽃대과

중부 이북의 숲 속에서 자라는 여러해살이풀로 높이 30~50cm이다. 가지가 갈라지지 않으며, 잎은 함께 모여 나고 끝이 뾰족하며 가장자리에 예리한 톱니가 있다. 꽃은 4~5월에 피며 꽃잎이 없고, 이삭모양꽃차례는 길이 3~5cm로 보통 2개씩 나온다. 열매는 길이 3mm 끝이 넓은 달걀 모양이다.

***효능** 뿌리를 급기(及己)라 하며, 타박상·피부가려움증·무월경 등의 치료에 사용한다. 0.5~1g을 달여서 복용하고 피부에는 즙을 내어 환부를 씻는다.

***중독 증상** 과량 복용하면 구갈·구토·발열·빈맥·혈압상승·어지럼증·안면창백·동공축소·결막충혈·입술건조 등의 증상이 나타난다.

***해독법** 중독 초기에 최토시키고 위를 세척하며, 수액을 정맥 주사 하여 독물의 배설을 촉진시키고 체액과 전해질의 평형을 유지시킨다. 정맥 주사시 포도당 염액에 비타민 C를 넣어 간을 보호한다. 당귀 9g, 흑두 20알을 물에 끓여서 복용한다.

굴피나무

Platycarya strobilacea **S. et Z.**

가래나무과

중부 이남의 산지에서 흔히 자라는 갈잎작은키나무로 높이 12m에 이르며, 어린가지는 황갈색 또는 갈색으로 뚜렷한 피목이 드문드문 있다. 잎은 길이 15~30cm로 홀수깃꼴겹잎이고 쪽잎은 길이 4~10cm로 7~19개이다. 수꽃 이삭은 길이 5~8cm이며 암꽃 이삭은 길이 2~4cm이다. 과수(果穗)는 길이 3~5cm로 긴 타원형이며 흑갈색이고 털이 없다. 견과는 길이 5mm이며 꽃은 5~6월에 피고 열매는 9월에 익는다.

＊효능 잎은 살충 및 살균 작용이 강하므로 짓찧어서 피부의 급성 화농증이나 머리의 부스럼 등의 치료에 사용한다. 과실은 관절통·두통·습진 등에 12~16g을 달여서 먹거나 바른다.

＊중독 증상 자세한 중독 증상의 기록은 없으나, 특히 잎은 유독하므로 복용하지 않도록 한다.

＊해독법 중독되면 즉시 토하게 하거나 위를 세척한 후 병원에서 치료한다.

중국굴피나무

***Pterocarya stenoptera* DC.**

가래나무과

중국 원산의 큰키나무로 경기도 이남에서 심고 있으며 높이가 10~20m에 이른다. 어린가지의 골속은 계단상이고, 잎은 길이 4~12cm로 홀수깃꼴겹잎이고 9~25개의 쪽잎으로 구성되며, 엽축에 날개가 있다. 쪽잎은 길이 4~12cm로 긴 타원형 또는 달걀 모양의 타원형이고 잔톱니가 있으며, 표면에는 털이 없고 뒷면에는 맥 위에 털이 있다. 꽃은 암수한그루로 4월에 피며 꼬리모양꽃차례를 이룬다. 수꽃은 1~4개의 꽃잎과 6~18개의 수술이 있고, 암꽃은 유착된 꽃잎으로 싸여 있다. 열매는 길이 1.5~2cm로 길이 20~30cm의 이삭에 달리고 달걀 모양으로 양쪽에 날개가 있으며, 9월에 익는다.

＊효능 줄기 껍질을 달이거나 가루를 내어 치통・피부가려움증・옴・화상 등의 치료에 사용한다.

＊중독 증상 자세한 중독 증상의 기록은 없으나, 유독한 것으로 기록되어 있으므로 복용하지 않도록 한다.

＊해독법 중독되면 즉시 토하게 하거나 위를 세척한 후 증상에 따라 처치한다.

삼
***Cannabis sativa* L.**

삼 과

섬유 자원으로 재배하는 한해살이풀로 높이 1~2.5m이며 곧게 자라고, 줄기는 둔한 사각형으로 녹색이다. 잎은 밑부분에서는 마주 나고 잎자루가 길며 5~9개로 갈라지고, 윗부분에서는 3개로 갈라지며 잎자루는 짧다. 꽃은 암수딴그루로 7~8월에 핀다.

＊효능 삼씨〔麻子仁〕는 윤활 작용이 있어 노인성 변비 치료제로 사용한다. 암꽃 및 잎은 대마(大麻)라 하는데 마취·이뇨·지혈 등의 효능이 있으나 환각 작용이 있으므로 마약으로 취급된다.

＊중독 증상 삼씨에는 거의 독성이 없으나 1일 80~200g 이상 복용하면 오심·구토 등의 경미한 부작용이 나타난다. 대마는 수치가 잘못된 것 또는 연한 싹을 먹을 경우에 중독을 일으키며, 잎을 흡연하여도 중독을 일으킨다. 환각 작용을 나타내는 주성분은 tetrahydro cannabinol이며, 중독되면 메스꺼움·구토·설사·사지마비·자제력 상실·혼수·동공확대 등의 증상이 나타난다.

＊해독법 0.05% 과망간산칼륨액 또는 0.5~1% 활성탄 현탁액으로 반복하여 위를 세척시킨다. 황산마그네슘 30g으로 설사를 시킨 다음 5% 포도당염액 2000~3000mL에 비타민 C를 혼합하여 정맥 주사 한다. 감초 30g, 사삼 15g, 금은화 15g, 황련 3g, 복령 3g을 물로 달여 아침 저녁으로 복용한다.

쐐기풀

***Urtica thunbergiana* S. et Z.**

쐐기풀과

중부 이남의 산야에서 자라는 여러해살이풀로 높이 40~80cm이며, 잎과 줄기의 자모(刺毛)에는 포름산·초산·부티르산 등이 들어 있어 찔리면 매우 아프고 붓는다. 잎은 마주 나며 달걀 모양의 원형이고 녹색이다. 꽃은 암수한그루로 7~8월에 핀다. 꽃차례는 원줄기 윗부분의 잎겨드랑이에서 나오는데, 수꽃은 밑부분에, 암꽃은 윗부분에 달리는 것이 보통이다. 수과(瘦果)는 달걀 모양이고 편평하며 녹색이다.

***효능** 지상부를 소아의 경기·뱀에 물린 상처 등의 치료에 사용하며, 최근에는 혈당 강하 작용이 있는 것으로도 알려져 있다.

***중독 증상** 과량 복용하면 메스꺼움·구토·지속적인 설사 등의 급성 위장염 증상이 나타나며, 심하면 심박동이 느려지고 혈압이 낮아진다. 잎 표면의 털이 피부에 접촉되면 국부발적과 동통이 나타나며 심마진이 발생한다.

***해독법** 구토와 설사가 멎도록 약을 사용하고, 수액을 투여하여 탈수 현상을 예방한다. 피부 접촉에 의해 생긴 심마진에는 스테로이드제 연고를 바르거나 항히스타민제 등을 복용한다.

애기쐐기풀

Urtica laetevirens **Max.**

쐐기풀과

산 속 숲 가장자리에서 자라는 여러해살이풀로 높이 50~100cm이고, 줄기는 네모지고, 여러 대가 한군데에서 나오며 가지가 갈라져서 큰 포기로 된다. 잎은 길이 10cm, 너비 2.5cm로 마주 나고 달걀 모양이며 잎 가장자리에는 뾰족한 톱니가 있다. 꽃은 암수한그루로 7~10월에 피고 녹색이며 수꽃은 가지 끝에, 암꽃은 아래쪽에 달린다.

***효능** 지상부를 소아의 경기·뱀에 물린 상처 등의 치료에 사용하며, 최근에는 혈당 강하 작용이 있는 것으로도 알려져 있다.

***중독 증상** 과량 복용하면 메스꺼움·구토·지속적인 설사 등의 급성 위장염 증상이 나타나며, 심하면 심박동이 느려지고 혈압이 낮아진다. 잎 표면의 털이 피부에 접촉되면 국부발적과 동통이 나타나며 심마진이 발생한다.

***해독법** 구토와 설사가 멎도록 약을 사용하고, 수액을 투여하여 탈수 현상을 예방한다. 피부 접촉에 의해 생긴 심마진에는 스테로이드제 연고를 바르거나 항히스타민제 등을 복용한다.

가는잎쐐기풀

***Urtica angustifolia* Fisch.**

쐐기풀과

숲 가장자리에서 자라는 여러해살이풀로 높이 50~100cm이고, 가지는 다소 갈라지며 함께 모여 나고 둔한 사각이며 자모가 있다. 잎은 마주 나고 긴 타원형 또는 피침형으로 쐐기풀보다 좁고 길다. 꽃은 대개 암수한그루로 7~8월에 피고 녹색이며, 이삭모양꽃차례는 각 잎겨드랑이에서 2개씩 나오고 수꽃은 아래쪽에, 암꽃은 위쪽에 달린다.

＊효능 지상부를 소아의 경기·뱀에 물린 상처 등의 치료에 사용하며, 최근 혈당 강하 작용이 있는 것으로도 알려져 있다.

＊중독 증상 과량 복용하면 메스꺼움·구토·지속적인 설사 등의 급성 위장염 증상이 나타나며, 심하면 심박동이 느려지고 혈압이 낮아진다. 잎 표면의 털이 피부에 접촉되면 국부발적과 동통이 나타나며 심마진이 발생한다.

＊해독법 구토와 설사가 멎도록 약을 사용하고, 수액을 투여하여 탈수 현상을 예방한다. 피부 접촉에 의해 생긴 심마진에는 스테로이드제 연고를 바르거나 항히스타민제 등을 복용한다.

혹쐐기풀

***Laportea bulbifera* Weddell**

쐐기풀과

숲 속에서 자라는 여러해살이풀로 높이 40~70cm이고 잎겨드랑이에 달려 있는 혹 모양의 육아(肉芽)로 번식한다. 뿌리에는 작은 원추형의 덩이뿌리가 달리며, 원줄기는 높이 40~70cm로 곧추 자라고 잎과 더불어 자모가 있다. 잎은 긴 달걀 모양으로 잎자루가 길고 끝이 뾰족하다. 꽃은 암수한그루로 원추모양 꽃차례이며, 수꽃은 아래쪽 잎겨드랑이에, 암꽃은 원줄기 끝에 달린다.

***효능** 경부림프선염·허리 및 대퇴부의 통증·수족마비 등의 치료에 사용한다. 6~12g을 달여서 복용하거나 달인 물 또는 생즙을 피부에 바른다.

***중독 증상** 과량 복용하면 설사나 복통 등의 증상을 일으킬 수 있으므로 용량에 주의하여 복용하도록 한다.

***해독법** 즉시 토하게 하고, 설탕물이나 제산제 등을 복용하여 독성을 완화시키며 위를 보호한다.

등 칡

***Aristolochia manshuriensis* Kom.**

쥐방울덩굴과

깊은 산 계곡에서 자라는 덩굴지는 갈잎떨기나무로 길이 10m에 이른다. 잎은 길이 10~26cm로 둥글며 심장형으로 톱니가 없고, 잎자루는 길이 7cm이다. 꽃은 지름 10cm이며 암수딴그루로 5월에 피고 잎겨드랑이에 1개씩 달리며, 꽃자루는 길이 2~3cm로 U자형으로 꼬부라진다. 삭과는 긴 타원형이고 6개의 능선이 있으며 9~10월에 익는다.

＊효능 덩굴은 이뇨 및 진통의 효능이 있으며, 심장쇠약·소변불리(小便不利)·요독증·구내염 등의 치료에 사용한다.

＊중독 증상 독성은 약하나 과량 복용하면 혼수·지각마비·혈압강하 등의 증상이 나타난다.

＊해독법 즉시 토하게 하고, 녹차나 묽은 타닌산액, 묽은 식초 등으로 위를 세척한다. 10% 포도당액이나 포도당염액에 비타민 B_1을 타서 정맥 주사 한다.

쥐방울덩굴
***Aristolochia contorta* Bunge**

쥐방울덩굴과

산야 또는 숲 가장자리에서 자라는 덩굴지는 여러해살이풀로 전체에 털이 없다. 잎은 길이 4~10cm, 너비 3.5~8cm로 어긋 나며 심장형이고 가장자리가 밋밋하다. 꽃은 7~8월에 피며 잎겨드랑이에서 꽃자루가 1개씩 나오고, 꽃자루는 길이 1~4cm이다. 꽃받침은 밑부분이 둥글게 커지며 윗부분은 나팔 모양이고 한쪽 열편이 길게 뾰족해진다. 그 속에서 6개의 암술대가 합쳐져 1개처럼 되며, 수술은 6개이다. 삭과는 지름 3cm 정도로 둥글며 꽃자루의 가는 실에 매달려 낙하산같이 된다.

열매

***효능** 전초는 이뇨 및 진통의 효능이 있어 심장쇠약·소변불리·요독증·구내염 등의 치료에 사용한다.

***중독 증상** 독성은 약하나 과량 복용하면 혼수·지각마비·혈압강하 등의 증상이 나타난다.

***해독법** 즉시 토하게 하고, 녹차나 묽은 타닌산액, 묽은 식초 등으로 위를 세척한다. 10% 포도당액이나 포도당염액에 비타민 B_1을 타서 정맥 주사 한다.

뿌리

족도리

***Asarum sieboldii* Miq.**

취방울덩굴과

전국의 산지 그늘에서 자라는 여러해살이풀로, 뿌리줄기는 마디가 많으며 매운맛이 있고 원줄기 끝에서 2개의 잎이 마주 나와 퍼진다. 잎은 심장형으로 표면은 녹색이고 윤채가 없으며, 뒷면 맥 위에 흔히 잔털이 있고 가장자리가 밋밋하다. 잎자루는 길며 자줏빛이 돈다. 꽃은 검은 홍자색으로 잎 사이에서 1개씩 나오며, 안쪽에 줄이 있고 윗부분이 3개로 갈라져서 퍼지며, 열편은 삼각형 비슷한 달걀 모양으로 흔히 끝부분이 뒤로 말린다. 장과는 끝에 화피 열편이 달려 있으며 종자가 20개 정도 들어 있다.

＊효능 뿌리를 세신(細辛)이라 하며, 발한·거담·두통 등의 치료에 사용한다.

＊중독 증상 과량 복용하면 두통·구토·발한·번조불안(煩燥不安)·호흡급박·빈맥·동공확대·발열·혈압상승 등의 증상이 나타나며, 심하면 호흡마비로 사망한다.

＊해독법 즉시 토하게 하고, 녹차나 묽은 타닌산액, 묽은 식초 등으로 위를 세척한다. 10% 포도당액이나 포도당염액에 비타민 B_1을 타서 정맥 주사 한다.

뿌리

개족도리

Asarum maculatum **Nakai**

취방울덩굴과

남쪽 섬에서 자라는 여러해살이풀로 족도리와 비슷하지만 잎이 보다 두껍고 무늬가 있는 것이 다르다. 뿌리줄기는 길이 1~6cm, 지름 3~5mm로 비스듬히 서며 백색 뿌리가 퍼진다. 잎은 길이 8cm, 너비 7cm로 1~2개가 나오고 털이 없으며 심장 모양이다. 잎 표면은 짙은 녹색이며 백색 무늬가 있고 가장자리가 밋밋하다. 꽃은 5~6월에 피며 끝이 3개로 갈라지고, 그 속에 털은 없으나 능선이 있으며, 꽃자루는 잎자루보다 짧다. 열매는 화피 열편과 더불어 길이 3cm 정도이며, 종자는 반 타원형이다.

***효능** 뿌리를 세신이라 하며, 감기·기침·두통 등의 치료에 사용한다.

***중독 증상** 과량 복용하면 두통·구토·발한·번조불안·호흡급박·빈맥·동공확대·체온 및 혈압상승 등의 증상이 나타나며 심하면 호흡마비로 사망한다.

***해독법** 즉시 토하게 하고, 녹차나 묽은 타닌산액, 묽은 식초 등으로 위를 세척한다. 10% 포도당액이나 포도당염액에 비타민 B_1을 타서 정맥 주사 한다.

개대황

***Rumex longifolius* DC.**

마디풀과

전국의 산야에서 자라는 여러해살이풀로 높이 80~120cm이고, 뿌리잎은 모여나고 긴 달걀 모양이며, 줄기잎은 어긋나고 얕은 심장 모양 또는 넓은 쐐기 모양이다. 꽃은 양성화로 5~7월에 피며 꽃잎은 없고 윗부분의 원추모양꽃차례에 달린다. 화피 열편과 수술은 각각 6개이며 암술대는 3개이다.

＊효능 뿌리를 호흡기감염·유선염·피부화농증·중이염·백납 등의 치료에 사용한다. 5~15g을 달여서 복용하고, 외용에는 적당량을 짓찧어 바른다.

＊중독 증상 과량 복용하면 설사·구토 등의 심한 위장 장애를 일으킬 수 있다. 특히, 줄기와 잎을 과량 복용하면 신트림·위장염·설사 등의 소화불량 증상이 나타나며 심하면 칼슘결핍증·수족경련 등의 증상이 나타난다.

＊해독법 타닌산액 또는 활성탄을 복용하여 독물의 흡수를 억제하고 지사시킨다. 기타 수액제 투여와 더불어 대증요법을 실시한다.

호대황

***Rumex gmelini* Turcz.**

마디풀과

북부 지방 깊은 산 습지에서 자라는 여러해살이풀로 높이 1m에 이른다. 잎은 어긋 나고 잎자루가 길며, 삼각상 달걀 모양 또는 달걀 모양의 타원형으로 가장자리에 잔돌기가 있다. 꽃은 7~8월에 피며 녹색이고 원줄기 끝의 원추모양 꽃차례에 달리며 작은 꽃자루가 있는 꽃이 돌려 난다. 꽃받침잎과 수술은 각각 6개이고 암술대는 3개이다. 수과는 세모진 달걀 모양이며 꽃받침보다 짧다.

＊효능 뿌리줄기를 호흡기감염·유선염·피부화농증·중이염·백납 등의 치료에 사용한다. 5~15g을 달여 복용하고, 외용에는 적당량을 짓찧어 바른다.

＊중독 증상 과량 복용하면 설사·구토 등의 심한 위장 장애를 일으킬 수 있다. 특히, 줄기와 잎을 과량 복용하면 신트림·위장염·설사 등의 소화불량 증상이 나타나며 심하면 칼슘결핍증·수족경련 등의 증상이 나타난다.

＊해독법 타닌산액 또는 활성탄을 복용하여 독물의 흡수를 억제하고 지사시킨다. 기타 수액제 투여와 더불어 대증요법을 실시한다.

참소리쟁이

***Rumex japonicus* Houtt.**

마디풀과

들이나 집 근처의 습기가 있는 곳에서 자라는 여러해살이풀로 높이 0.4~1m에 이른다. 뿌리는 황색으로 비대하며 잎은 어긋난다. 꽃은 5~7월에 피며 연한 녹색으로 윗부분 또는 가지 끝의 원추모양 꽃차례에 돌려 나고, 화피 열편과 수술은 각각 6개이다. 안쪽의 화피 열편은 자라서 열매를 둘러싸고 가장자리에 잔톱니가 있으며, 뒷면에는 사마귀 같은 돌기가 있다.

＊효능 뿌리를 양제(羊蹄)라 하며 한방에서는 대장성 하제생약으로 사용한다.

＊중독 증상 과량 복용하면 설사·구토 등의 심한 위장 장애를 일으킬 수 있다. 특히, 줄기와 잎을 과량 복용하면 신트림·위장염·설사 등의 소화불량 증상이 나타나며 심하면 칼슘결핍증·수족경련 등의 증상이 나타난다.

＊해독법 타닌산액 또는 활성탄을 복용하여 독물의 흡수를 억제하고 지사시킨다. 기타 수액제 투여와 더불어 대증요법을 실시한다.

소리쟁이

***Rumex crispus* L.**

마디풀과

전국의 습지에서 자라는 여러해살이풀로 높이 30~80cm이다. 줄기는 곧추 자라며 녹색 바탕에 자줏빛이 돌고 뿌리가 비대하다. 뿌리잎은 잎자루가 길고 피침형이며 가장자리가 파상이다. 줄기잎은 어긋 나고 잎자루는 짧다. 꽃은 6~7월에 피며 연한 녹색이고 가지 끝과 원줄기 끝의 원추모양꽃차례에 많은 꽃이 돌려 난다. 화피 열편과 수술은 각각 6개이고, 암술대는 3개이며, 열매는 세모지고 3개의 내화피로 싸여 있다.

＊효능 뿌리를 우이대황(牛耳大黃) 또는 양제(羊蹄)라 하며, 코피·토혈·혈변·자궁출혈·혈소판 감소성 자반병·변비·옴 등의 치료에 사용한다. 15~30g을 달여서 복용하고, 외용에는 짓찧어 바른다.

＊중독 증상 과량 복용하면 설사·구토 등의 심한 위장 장애를 일으킬 수 있다. 특히, 줄기와 잎을 과량 복용하면 신트림·위장염·설사 등의 소화불량 증상이 나타나며 심하면 칼슘결핍증·수족경련이 일어난다.

＊해독법 타닌산액 또는 활성탄을 복용하여 독물의 흡수를 억제하고 지사시킨다. 기타 대증요법을 실시한다.

묵밭소리쟁이

Rumex conglomeratus **Murr.**

마디풀과

습지 근처에서 자라는 유럽 원산의 두해살이풀로 원줄기는 높이 1m에 이르고 흑자색이 돌며 털이 없고 세로로 팬 줄이 있다. 잎은 긴 타원상 피침형이며 잎자루는 길고, 잎 가장자리에는 물결 모양의 톱니가 있다. 꽃은 5~7월에 피며 적녹색이고 꽃차례에 층층으로 달리며 꽃받침잎은 6개이고 꽃잎은 없고, 수술은 6개, 암술대는 3개이다. 수과는 흑갈색이고 세모진 넓은 달걀 모양이다.

***효능** 뿌리를 양제라 하며 변비·황달·토혈·자궁출혈·옴 등의 치료에 사용한다. 9~15g을 달여서 복용하고, 외용에는 짓찧어 붙이거나 달인 액으로 양치질한다.

***중독 증상** 과량 복용하면 설사·구토 등의 심한 위장 장애를 일으킬 수 있다. 특히 줄기와 잎을 과량 복용하면 신트림·위장염·설사 등의 소화불량 증상이 일어나며 심하면 칼슘결핍증 및 수족경련이 일어난다.

***해독법** 타닌산액 또는 활성탄을 복용하여 독물의 흡수를 억제하고 지사시킨다. 기타 수액제 투여와 더불어 대증 요법을 실시한다.

뿌리

대 황
***Rheum undulatum* L.**

마디풀과

약용으로 재배하는 여러해살이풀로 높이 1m이고 굵은 황색 뿌리가 있으며 속이 비어 있다. 뿌리잎은 자줏빛이 도는 긴 잎자루가 있으며 달걀 모양이고 가장자리가 파상이며, 줄기잎은 위로 올라갈수록 작고 잎자루가 없으며 밑부분이 원줄기를 반 정도 감싼다. 꽃은 7~8월에 피고 황백색이며 가지와 원줄기 끝의 원추모양꽃차례에 돌려 난다. 화피 열편은 6개로 2줄로 배열되고 꽃잎은 없으며 수술은 9개, 암술대는 3개이다. 수과는 3개의 화피 열편으로 싸여 있다.

＊효능 뿌리를 대황(大黃)이라 하며, 식체·변비·세균성하리·급성복막염·토혈·수종(水腫)·월경불순·혈뇨 등의 치료에 사용한다. 3~12g을 달여서 복용한다.

＊중독 증상 과량 복용하면 심한 설사를 일으킬 수 있다. 임신부는 유산을 일으킬 수 있으므로 복용을 금한다.

＊해독법 타닌산액 또는 활성탄을 복용하여 독물의 흡수를 억제하고 지사시킨다. 기타 수액 투여와 더불어 대증 요법을 실시한다.

취명아주

***Chenopodium glaucum* L.**

명아주과

전국에서 자라는 한해살이풀로 높이 15~30cm에 이르고 가지가 많으며 약간 육질이다. 잎은 어긋나며 긴 타원상 달걀 모양이고 가장자리에 깊은 물결 모양의 톱니가 있다. 꽃은 황록색이고 7~8월에 원줄기 끝과 가지 끝에서 발달하는 원추모양꽃차례에 달린다. 꽃받침잎은 2~5개이고 꽃잎은 없으며 자방에 2개의 암술대가 있다. 꽃받침은 자라서 열매를 둘러싸고, 그 속에 윤채가 있는 흑갈색 종자가 들어 있다.

***효능** 전초는 해열·살균·이수(利水) 등의 효능이 있어 대장염·이질·습진 등의 치료에 사용한다.

***중독 증상** 독성은 약하나 복용 후 햇빛을 쬐면 부종·피부염 등을 일으킬 수 있다.

***해독법** 항히스타민제를 복용하거나, 스테로이드제 연고를 바른다.

명아주

Chenopodium album **var.** ***centro-rubrum*** **Makino**

명아주과

전국의 들에서 자라는 한해살이풀로 지름 3cm, 높이 1m에 이르고 녹색 줄이 있다. 잎은 마주 나고 세모진 달걀 모양이며 잎자루가 길다. 꽃은 양성화로 황록색이고, 꽃받침은 5개로 깊게 갈라지고 꽃잎은 없으며, 5개의 수술과 자방에 2개의 암술대가 달려 있다. 꽃차례는 6~7월에 가지 끝에서 발달하는 원추모양꽃차례로 이삭 모양의 작은 꽃차례가 모여서 된다. 과실은 편원형이며, 종자는 흑색으로 윤채가 있다.

***효능** 해열·살균·이수 등의 효능이 있어 대장염·이질·습진 등의 치료에 사용한다.

***중독 증상** 독성은 약하나 복용 후 햇빛을 쬐면 부종·피부염 등을 일으킬 수 있다.

***해독법** 항히스타민제를 복용하거나 스테로이드제 연고를 바른다.

자리공
***Phytolacca esculenta* V. Houtte**

자리공과

전국의 산야에서 자라는 여러해살이풀로 높이 1m이며 털이 없고 뿌리가 크게 비대해진다. 잎은 넓은 피침형으로 어긋나고 양끝이 좁고 가장자리가 밋밋하다. 꽃은 5~6월에 피고 백색이며 총상꽃차례에 달린다. 수술은 8개이고 꽃밥은 연한 홍색이며, 자방은 8개의 분과가 서로 인접하여 둥글게 나열되고 자주색의 즙액이 있으며 흑색 종자가 들어 있다.

＊효능 뿌리를 상륙(商陸)이라 하며, 부종·각기·타박통 등의 치료에 사용한다.

＊중독 증상 과량 복용하면 두통·구토·복통설사·헛소리·손발떨림·다뇨 등의 증상이 나타나며, 심하면 토혈·혈뇨·혈압강하·동공확대·서맥·정신혼미·대소변실금 등의 증상이 나타나고 결국에는 호흡장애·심근마비로 사망한다. 임신부는 유산을 일으킬 수 있다.

＊해독법 0.02% 과망간산칼륨액으로 위를 세척하고 황산마그네슘으로 설사를 시킨 후 수액을 공급하여 이뇨를 촉진시켜 독소 배설을 돕는다. 생감초와 생녹두 50~100g을 가루를 내어 더운 물에 풀어서 복용하거나 끓여서 복용한다.

미국자리공

***Phytolacca americana* L.**

자리공과

북아메리카 원산의 한해살이풀로 높이 1~1.5m이고 적자색이 돌며 털이 없다. 잎은 어긋나고, 꽃은 6~9월에 피고 붉은빛이 도는 백색이며, 총상꽃차례는 길이 10~15cm로 열매가 익을 때는 밑으로 처진다. 꽃받침잎은 5개이며 수술 및 암술대는 각각 10개이다. 열매는 지름 7~8mm로 편구형이고 꽃받침이 남아 있으며 적자색으로 익고 육질이며 흑색 종자가 1개씩 들어 있다.

＊효능 뿌리를 상륙이라 하며 부종・각기・타박통 등의 치료에 사용한다.

＊중독 증상 과량 복용하면 두통・구토・복통설사・헛소리・손발떨림・다뇨 등의 증상이 나타나며, 심하면 토혈・혈뇨・혈압강하・동공확대・서맥・정신혼미・대소변실금 등의 증상이 나타나고 결국에는 호흡장애・심근마비로 사망한다. 임신부는 유산을 일으킬 수 있다.

＊해독법 0.02％ 과망간산칼륨액으로 위를 세척하고 황산마그네슘으로 설사를 시킨 후 수액을 공급하여 이뇨를 촉진시켜 독소 배설을 돕는다. 생감초와 생녹두 50~100g을 가루를 내어 복용한다.

섬자리공

***Phytolacca insularis* Nakai**

자리공과

울릉도에서 자라는 여러해살이풀로 높이 1~2m이며 뿌리가 굵고, 자리공과 비슷하지만 꽃차례에 잔돌기가 있고 꽃밥이 백색인 것이 다르다. 꽃은 5~6월에 피며 잎과 마주 나는 꽃자루에는 유두상의 돌기가 있다. 꽃받침 열편은 4개이며 수술은 8개로 백색의 꽃밥이 달려 있다. 과실 이삭은 곧추 서고 장과는 자흑색으로 익으며 흑색 종자가 들어 있다.

＊효능 뿌리를 상륙이라 하며 부종·각기·타박통 등의 치료에 사용한다.

＊중독 증상 과량 복용하면 두통·구토·복통설사·헛소리·손발떨림·다뇨 등의 증상이 나타나며, 심하면 토혈·혈뇨·혈압강하·동공확대·서맥·정신혼미·대소변실금 등의 증상이 나타나고 결국에는 호흡장애·심근마비로 사망한다. 임신부는 유산을 일으킬 수 있다.

＊해독법 0.02% 과망간산칼륨액으로 위를 세척하고 황산마그네슘으로 설사를 시킨 후 수액을 공급하여 이뇨를 촉진시켜 독소 배설을 돕는다. 생감초와 생녹두 50~100g을 가루를 내어 복용한다.

사위질빵

***Clematis apiifolia* A. P. DC.**

미나리아재비과

열매

산야에서 흔히 자라는 덩굴지는 여러해살이풀로 길이 3m에 이르고, 잎은 마주 나고 3출 또는 2회 3출한다. 꽃은 지름 1.3~2.5cm로 7~9월에 핀다. 꽃받침잎은 길이 7~10mm로 끝이 넓은 달걀 모양이며 백색이고, 수술은 꽃받침과 길이가 거의 같다. 수과는 5~10개씩 모여 달리고 털이 있으며, 백색 또는 연한 갈색 털이 있는 긴 암술대가 달려 있다.

***효능** 줄기를 여위(女萎)라 하며 임신부종·대장염·탈항·근골동통(筋骨疼痛) 등의 치료에 사용한다. 9~15g을 달여서 복용하거나 환제로 하여 복용한다. 외용에는 태워서 연기를 쐰다.

***중독 증상** 과량 복용하면 위장장애·두통·구토·설사·식욕감퇴·사지무력·부종 등의 증상이 나타난다.

***해독법** 초기에는 0.5% 과망간산칼륨액으로 위를 세척시킨다. 구토·설사가 나면 atropine을 근육 주사 한다. 기타 증상에 따라 대증 처치 한다.

꿩의바람꽃

***Anemone raddeana* Regel**

미나리아재비과

중부 이북의 다소 습한 곳에서 자라는 여러해살이풀로 높이 10~15cm이고, 뿌리줄기는 방추형으로 옆으로 자란다. 잎은 3개로 깊게 갈라지며, 쪽잎은 긴 타원형으로 끝에 둔한 톱니가 있다. 꽃은 지름 3~4cm로 4~5월에 피며 흰색이고, 꽃받침잎은 길이 1mm로 8~13개이며 긴 타원형이고 끝이 둔하다. 꽃밥은 타원형이다.

＊효능 한방에서는 뿌리줄기를 죽절향부(竹節香附) 또는 양두첨(兩頭尖)이라 하여 관절동통(關節疼痛)·화농증 등의 치료에 사용한다. 1.5~4g씩 내복하거나 외용한다.

＊중독 증상 유효 성분은 oleanolic acid로 독성이 크지는 않으나 과량 복용하면 유독하다는 보고가 있으므로 주의해야 한다.

＊해독법 즉시 토하게 하고 음료수, 설탕물 등을 먹여 약물을 희석시킨다.

개구리자리

***Ranunculus sceleratus* L.**

미나리아재비과

전국의 들에서 자라는 두해살이풀로 높이 50cm 정도이며 비교적 털이 없고 윤채가 있다. 뿌리잎은 길이 1.2~4cm, 너비 1.5~5cm로 함께 모여 나며, 잎자루는 길고 원형이며 3개로 깊게 갈라진다. 꽃은 지름 3.5~4mm로 4~5월에 피고 황색이며, 꽃받침잎은 5개이고 타원형으로 뒷면에 털이 있다. 꽃잎 밑부분에는 밀선이 있으며, 수술은 많고 수술대는 길이 1.8mm로 털이 없다. 꽃턱은 길이 8~10mm로 꽃이 진 다음에 자라서 긴 타원형으로 된다.

***효능** 지상부를 석룡예(石龍芮)라 하며 결핵성림프선염·학질·간염·하지궤양·충치 등의 치료에 사용한다. 3~9g을 달여서 복용하고, 외용에는 짓찧어서 붙이거나 고약을 만들어 환부에 붙인다.

***중독 증상** 생식하여 중독되면 구강의 작열감·점막부종·격렬한 설사에 혈변 등의 증상이 나타나고, 심하면 서맥·호흡곤란·동공확대 등의 증상으로 사망한다.

***해독법** 0.02% 과망간산칼륨액으로 반복하여 위를 세척하고 활성탄을 내복한다. 복통이 심한 경우에는 atropine 0.5~1mg을 4~6시간마다 피하 또는 근육 주사 한다.

개구리갓

***Ranunculus ternatus* Thunb.**

미나리아재비과

한라산 및 설악산의 습지에서 자라는 여러해살이풀로 높이 10~25cm이며 방추형의 뿌리가 있다. 뿌리잎은 잎자루가 길고 둥글며 3개로 깊게 갈라진다. 줄기잎은 1~4개로 잎자루가 없고 3개로 완전히 갈라진다. 꽃은 4~5월에 피고 황색이며, 꽃받침잎은 5개이다. 수술은 많고 수술대는 길이 1.8mm로 털이 없다. 꽃턱은 꽃이 진 다음 자라서 긴 타원형으로 된다.

***효능** 지상부를 묘과초(猫爪草) 또는 소모간(小毛茛)이라 하며, 폐결핵·학질·결핵성경부림프선염 등의 치료에 사용한다. 15~30g을 달여서 복용하거나 가루를 내어 산포한다.

***중독 증상** 생식하여 중독되면 구강작열감·점막부종·격렬한 설사에 혈변 등의 증상이 나타나고, 심하면 서맥·호흡곤란·동공확대 등의 증상으로 사망한다.

***해독법** 0.02% 과망간산칼륨액으로 반복하여 위를 세척하고 활성탄을 내복한다. 복통이 심한 경우에는 atropine 0.5~1mg을 4~6시간마다 피하 또는 근육 주사 한다. 기타 증상에 따라 대증요법을 실시한다.

미나리아재비

Ranunculus japonicus **Thunb.**

미나리아재비과

전국의 습기가 있는 곳에서 자라는 여러해살이풀로 높이 50cm이며 잔뿌리가 많이 나온다. 뿌리잎은 잎자루가 길며 가장자리에 톱니가 있다. 줄기잎은 잎자루가 없으며 3개로 갈라지고 열편은 선형으로 톱니가 없다. 꽃은 지름 12~20mm로 6월에 피고 취산꽃차례에 달리며, 꽃받침은 5개이고 꽃잎도 5개로 윤채가 있으며 황색이다. 열매가 모여서 원형의 취과(聚果)를 형성하며, 수과는 끝이 넓은 알 모양의 원형이다.

＊효능 지상부를 학질・황달・편두통・류머티즘성관절염・관절결핵・치통・결막염 등의 치료에 사용한다. 외용에는 짓찧어서 환부에 붙이거나 삶은 물로 씻는다.

＊중독 증상 과량 복용하면 중독되며 구강 작열감 및 부어오름・심한 설사・서맥・호흡곤란・동공확대 등의 증상이 나타나며 심하면 사망할 수도 있다.

＊해독법 0.2% 과망간산칼륨액으로 위를 세척하고 활성탄을 복용한다. 포도당염액을 정맥 주사 하고 복통이 심하면 atropine 등을 투여한다. 피부나 점막에 과량 사용했을 때는 맑은 물이나 붕산 또는 타닌산액으로 세척한다.

젓가락나물

***Ranunculus chinensis* Bunge**

미나리아재비과

전국의 물기가 많은 곳에서 자라는 두해살이풀로 높이 40~80cm이며, 전체에 거친 털이 있고 속이 비어 있으며 뿌리줄기가 짧다. 뿌리잎은 잎자루가 길며, 꽃은 지름 6~8mm로 6월에 피며 황색이고, 꽃받침잎은 5개이고 젖혀지며 뒤에 털이 있다. 취과는 길이 10~15mm의 긴 타원형이며, 꽃받침은 길이 6~9mm로 백색 털이 있다. 수과는 타원형이고 암술대는 짧으며 곧다.

＊효능 지상부를 회회산(回回蒜)이라 하며 간염·간경화증·황달·학질·피부병 등의 치료에 사용한다. 4~12g을 달여서 복용하고, 외용에는 가루를 내어 도포한다.

＊중독 증상 과량 복용하면 중독되며, 구강 작열감 및 구강발적(口腔發赤)·메스꺼움·구토·복통·점액성혈변·서맥·호흡곤란·탈진 등의 증상이 나타나며 심하면 사망할 수도 있다.

＊해독법 0.1~0.5% 과망간산칼륨액으로 위를 세척한 다음, 달걀 4~5개를 먹고 비타민 C를 혼합한 포도당염액을 정맥주사 한다.

왜젓가락나물

Ranunculus quelpaertensis (Lév.) Nakai

미나리아재비과

남부 지방의 습지에서 자라는 두해살이~여러해살이풀로 높이 15~80cm이고 비스듬히 선 털이 있다. 뿌리잎은 잎자루가 길며 3출겹잎이다. 열편은 불규칙한 톱니가 있으며, 양면에 누운 털이 있고, 줄기잎은 잎자루가 짧으며 3출겹잎이고 윗부분의 것이 단순히 3개로 갈라진다. 꽃은 8월에 피며 황색이고 꽃받침잎은 5개이며 꽃이 필 때 뒤로 젖혀지며 타원형이다. 꽃잎은 5개이며 황색이고, 수술대는 길이 1~1.5mm로 털이 없다. 취과는 둥글고 꽃턱에 짧은 털이 있으며, 수과는 끝이 넓은 달걀 모양이다.

***효능** 약용으로 사용된 기록은 없다.

***중독 증상** 과량 복용하면 중독되며, 구강 작열감 및 구강발적·메스꺼움·구토·복통·점액성혈변·서맥·호흡곤란·동공확대를 수반한 탈진 등의 증상이 나타난다.

***해독법** 0.1~0.5% 과망간산칼륨액으로 위를 세척한 후, 달걀 4~5개를 먹고 비타민 C를 혼합한 포도당염액을 정맥주사 한다.

털개구리미나리

***Ranunculus cantoniensis* DC.**

미나리아재비과

제주도의 습지에서 자라는 여러해살이풀로 높이 30~80cm이며, 전체의 모양이 왜젓가락나물과 비슷하지만 털이 있는 것이 다르다. 밑부분에 퍼진 털이 있고 가지가 차상(叉狀)으로 갈라진다. 뿌리잎은 잎자루가 길고 밑부분이 엽초로 되며, 줄기잎은 어긋 나고 잎자루가 짧다. 꽃은 8월에 피며 황색이고, 꽃받침잎은 5개이며 꽃잎은 길이 4~5mm로 타원형 또는 긴 타원형이다. 취과는 둥글며 꽃턱은 타원형으로 백색 털이 있고, 수과는 끝이 넓은 달걀 모양으로 가장자리가 편평하다.

＊효능 지상부를 자구초(自扣草)라 하며, 안질・황달・피부병 등의 치료에 사용한다.

＊중독 증상 중독되면 구강 작열감 및 구강발적・구토・복통・점액성혈변・서맥・호흡곤란・동공확대를 수반한 탈진 등의 증상이 나타난다.

＊해독법 0.1~0.5% 과망간산칼륨액으로 위를 세척한 후, 달걀 4~5개를 먹고 비타민 C를 혼합한 포도당염액을 정맥주사 한다.

개구리미나리

Ranunculus tachiroei Fr. et Sav.

미나리아재비과

전국의 습지에서 자라는 여러해살이풀로 높이 15~80cm이며 털이 거의 없다. 뿌리잎은 너비 4~10cm로 잎자루가 길며 3출겹잎이고, 줄기잎은 잎자루가 짧으며 3출겹잎이고 3개로 갈라진다. 꽃은 8월에 피며 황색이고, 꽃받침잎은 길이 2.5~4mm로 5개이고 꽃이 필 때 뒤로 젖혀지며 타원형이고 뒷면에 털이 있다. 꽃잎은 5개이며 수술대는 털이 없다. 취과는 둥글고 꽃턱에 짧은 털이 있으며, 수과는 길이 3.5mm 정도로 거꾸로 된 달걀 모양이다.

***효능** 지상부를 안질·황달·피부병 등의 치료에 사용한다.

***중독 증상** 과량 복용하면 구강발적·구토·복통·점액성혈변·서맥·호흡곤란·동공확대를 수반한 탈진 등의 증상이 나타난다.

***해독법** 0.1~0.5% 과망간산칼륨액으로 위를 세척한 후 달걀 4~5개를 먹고 비타민 C를 혼합한 포도당염액을 정맥주사 한다.

복수초
Adonis amurensis **Regel et Radde**

미나리아재비과

전국의 습기가 많은 숲 속에서 자라는 여러해살이풀로 원줄기는 높이 10～30cm이다. 밑부분의 잎은 어긋 나며 2회 깃 모양으로 잘게 갈라지고 얇은 막질로 원줄기를 둘러싼다. 꽃은 지름 3～4cm로 황색이고 4월 초순에 원줄기 끝에 4개씩 달리며, 꽃잎은 꽃받침잎보다 길이가 작거나 같으며 매우 아름답다. 열매는 길이 1cm 정도의 꽃턱에 모여 달려 전체가 둥글게 보이고 짧은 털이 있다.

＊효능 뿌리를 심장쇠약·부종 등의 치료에 사용한다.

＊중독 증상 과량 복용하면 메스꺼움·구토·식은땀·복통·어지럼증·시력감퇴·심번(心煩) 등의 증상이 나타나고 심하면 심장마비로 사망한다.

열매

뿌리

＊해독법 증상이 가벼운 경우에는 복용을 중단하고 2～3g의 염화칼륨을 하루 3회씩 복용한다. 기타 증상에 따라 대증 처치 한다.

매발톱꽃

***Aquilegia buergeriana* var. *oxysepala* (Traut. et Meyer) Kitamura**

미나리아재비과

햇볕이 잘 드는 계곡에서 자라는 여러해살이풀로 높이 50~100cm이고 윗부분이 다소 갈라진다. 뿌리잎은 잎자루가 길며 2회 3출엽이고 열편은 끝이 둥글고 양면에 털이 없으며 뒷면에 분백색이 돈다. 줄기잎은 3개로 윗부분의 것일수록 잎자루가 짧고 작으며, 잎자루는 밑부분이 넓고 막질이다. 꽃은 지름 3cm 정도로 6~7월에 피며 갈자색이고 가지 끝에서 밑을 향해 달린다. 꽃받침잎은 길이 2cm 정도로 5개이다. 꽃잎은 길이 1.2~1.5cm로 황색이며, 거(距)는 꽃잎과 길이가 비슷하며 안쪽으로 말리고, 골돌(蓇葖)은 5개이며 털이 있다.

＊효능 뿌리를 질타손상·어혈 등의 치료에 사용한다. 3~6g을 달여서 복용한다.

＊중독 증상 과량 복용하면 중독되며, 메스꺼움·구토·발한·복통·어지럼증 등의 증상이 나타난다.

＊해독법 즉시 토하게 하고 수분을 충분히 공급하여 약물을 희석시키며, 심한 경우에는 병원에 옮겨 치료한다.

뿌리

개구리발톱

***Semiaquilegia adoxoides* (DC.) Makino**

미나리아재비과

남쪽 지방에서 자라는 여러해살이풀로 높이 15~30cm이고 덩이줄기가 있다. 뿌리잎은 잎자루가 길며 뒷면에 흰빛이 돌고 3개의 쪽잎으로 구성된다. 쪽잎은 길이 1~2.5cm로 2~3개로 깊게 갈라지고 각 열편에 둔한 결각이 있다. 꽃은 지름 5mm 정도로 4~5월에 피고 백색이며 밑을 향한다. 꽃받침잎은 길이 5~6mm로 5개이며 긴 타원형이고, 꽃잎도 길이 2.5~3mm로 5개이며 밑부분은 통 모양이고, 짧은 거가 밑에 있다.

***효능** 뿌리를 천규자(天葵子)라 하며, 소변불리・요로결석(尿路結石)・결핵성경부림프선염 등의 치료에 사용한다.

***중독 증상** 치료량에서는 부작용이 명확하지 않으나 과량 복용하면 메스꺼움・구토・발한・복통 등의 중독 증상이 나타날 수 있다.

***해독법** 복용을 중지하고 수분을 충분히 공급하여 약의 혈중 농도를 희석시킨다. 기타 증상에 따라 대증 처치 한다.

큰제비고깔

Delphinium maackianum **Regel**

미나리아재비과

경기도 이북의 산지에서 자라는 여러해살이풀로 높이 1m 정도이다. 잎은 어긋나며 잎자루가 길고 단풍잎같이 3~7개로 갈라지며 가장자리에 불규칙한 톱니가 있다. 꽃은 7~9월에 피고 짙은 자주색이며, 원줄기 끝의 총상꽃차례에 달린다. 꽃받침 열편은 5개가 꽃잎처럼 되며, 위쪽의 것은 거가 있고 꽃잎이 그 속에 들어 있다. 골돌은 3개이며 긴 타원형이고 끝이 뾰족하다.

***효능** 내복으로는 사용하지 않으며 치통·피부병 등의 치료에 외용한다.

***중독 증상** 중독되면 호흡억제·혈액순환장애·근육 및 신경마비·경련 등의 증상이 나타난다.

***해독법** 즉시 토하게 하고 위를 세척한 후 계속하여 설사를 시킨다. 호흡이 곤란할 때는 산소를 공급하거나 호흡중추 흥분제를 사용하고, 경련이 일어나면 진정제를 투여한다. 수액을 정맥 주사하여 배설을 촉진시키고 기타 대증 처치한다.

흰진범

***Aconitum longecassidatum* Nakai**

미나리아재비과

산지의 숲 속에서 자라는 여러해살이풀로 비스듬히 자라거나 덩굴로 된다. 뿌리는 직근으로 굵지 않고, 뿌리잎과 줄기잎은 잎자루가 길지만 위로 올라갈수록 짧아진다. 꽃은 8월에 피며 연한 황백색으로 원줄기 끝과 윗부분의 잎겨드랑이에서 나온 총상꽃차례에 달린다.

＊효능 뿌리를 관절통·근골동통 등의 치료에 사용한다. 한방에서는 뿌리를 진교(*Gentiana macrophylla*)의 대용으로 사용하나, 진교와는 약성, 용도 및 용량이 전혀 다르므로 진교가 들어가는 한약처방에 이 약을 사용하면 위험하다.

＊중독 증상 뿌리에 함유되어 있는 lycoctonine ester 등의 알칼로이드는 부자(附子)의 성분인 aconitine과 유사한 독성이 있으므로 과량 복용해서는 안 된다. 또한 충분한 시간을 달여야 하며 술과 같이 복용해서는 안 된다. 중독되면 구토·복통·설사·사지마비·두통·호흡곤란·혈압강하·사지궐냉·부정맥·빈맥 등의 증상이 나타나며, 임신부는 유산을 일으킬 수 있다.

＊해독법 0.02% 과망간산칼륨액, 2% 식염수 또는 농차로 반복하여 위를 세척한다.

진 범

***Aconitum pseudo-laeve* var. *erectum* Nakai**

미나리아재비과

숲 속의 그늘에서 자라는 여러해살이풀로 줄기는 비스듬히 자라고 자줏빛이 돈다. 뿌리는 직근으로 굵지 않고, 뿌리잎은 잎자루가 길고, 줄기잎은 위로 올라갈수록 작아진다. 꽃은 8월에 피며 연한 자주색이고 원줄기 끝이나 윗부분 잎겨드랑이의 총상꽃차례에 달린다.

***효능** 뿌리를 관절통·근골동통 등의 치료에 사용한다. 한방에서 뿌리를 진교의 대용으로 사용하나, 진교와는 약성, 용도 및 용량이 전혀 다르므로 진교가 들어가는 한약 처방에 이 약을 사용하면 위험하다.

***중독 증상** 뿌리에 함유되어 있는 lycoctonine ester 등의 알칼로이드는 부자의 성분인 aconitine과 유사한 독성이 있으므로 과량 복용해서는 안 된다. 또한 충분한 시간을 달여야 하며 술과 같이 복용해서는 안 된다. 중독되면 구토·복통·설사·사지마비·두통·호흡곤란·혈압하강·사지궐냉·부정맥·빈맥 등의 증상이 나타난다.

***해독법** 0.02% 과망간산칼륨 용액, 2% 식염수 또는 농차로 반복하여 위를 세척한다.

놋젓가락나물
***Aconitum ciliare* DC.**

미나리아재비과

산록에서 자라는 여러해살이풀로 다른 물체를 감아 올라가면서 길이 2m 정도 벋는다. 뿌리는 마늘쪽같이 굵고 옆에 작은 뿌리가 달린다. 잎은 어긋 나며 잎자루가 길고 3~5개로 완전히 갈라진다. 꽃은 8~9월에 피며 자주색으로 가지 끝과 원줄기 끝의 총상꽃차례에 달린다.

＊효능 뿌리를 초오(草烏)라 하며, 관절통·신경통·복부냉통·설사 등의 치료에 사용한다.

＊중독 증상 달이는 시간이 짧거나 용량 과다, 부적절한 수치, 술과 같이 복용하는 등에 의해 중독되며, 사지 또는 전신마비·두통·어지럼증·호흡곤란·심장운동 약화·혈압강하·사지궐냉·부정맥·빈맥 등의 증상이 나타나고, 임신부는 유산을 일으킬 수 있다.

＊해독법 0.02% 과망간산칼륨액, 2% 식염수 혹은 농차로 반복하여 위를 세척한다. 30분 간격으로 atropine 0.5~1 mg을 근육 주사 한다. 약을 사용한 후에도 증상이 개선되지 않거나 atropine 중독 반응이 나타날 때는 lidocaine을 주사한다.

지리바꽃

***Aconitum chiisanense* Nakai**

미나리아재비과

지리산 및 중부 이북에서 자라는 여러해살이풀로 원줄기는 높이 1m에 이르고 뿌리는 마늘쪽처럼 굵고 육질이다. 잎은 어긋 나고 3~5개로 깊게 갈라지며 잎자루가 있다. 꽃은 7~9월에 피며 자주색이고 가지 끝과 원줄기 끝의 총상꽃차례에 달린다. 꽃받침잎은 5개이며, 꽃잎은 2개로 꽃받침잎 속에 있다.

＊효능 뿌리를 초오라 하며, 관절통·신경통·복부냉통·설사 등의 치료에 사용한다.

＊중독 증상 달이는 시간이 짧거나 용량 과다, 부적절한 수치, 술과 같이 복용하는 등에 의해 중독되며, 사지 또는 전신마비·두통·어지럼증·호흡곤란·심장운동 약화·혈압강하·사지궐냉·부정맥·빈맥 등의 증상이 나타나고, 임신부는 유산을 일으킬 수 있다.

＊해독법 0.02% 과망간산칼륨액, 2% 식염수 또는 농차로 반복하여 위를 세척한다. 30분 간격으로 atropine 0.5~1 mg을 근육 주사 한다. 약을 사용한 후에도 증상이 개선되지 않거나 atropine 중독 반응이 나타날 때는 lidocaine을 주사한다.

꽃의 내부

투구꽃

Aconitum jaluense Kom.

미나리아재비과

전국의 높은 산에서 자라는 여러해살이풀로 원줄기는 높이 1m이고 곧추 자란다. 잎은 어긋 나며 긴 잎자루 끝에서 3~5개로 갈라지고 윗부분의 것은 점차 작아지며 전체가 3개로 갈라진다. 꽃은 9월에 피며 자주색이다. 꽃받침잎은 겉에 털이 있으며 긴 타원형이고, 꽃잎은 2개로 꽃받침잎 속에 들어 있다.

＊효능 뿌리를 초오라 하며, 관절통·신경통·복부냉통·설사 등의 치료에 사용한다.

＊중독 증상 달이는 시간이 짧거나 용량 과다, 부적절한 수치, 술과 같이 복용하는 등에 의해 중독되며, 사지 또는 전신마비·두통·어지럼증·호흡곤란·심장운동 약화·혈압강하·사지궐냉·부정맥·빈맥 등의 증상이 나타나며, 임신부는 유산을 일으킬 수 있다.

＊해독법 0.02% 과망간산칼륨액, 2% 식염수 또는 농차로 반복하여 위를 세척한다. 30분 간격으로 atropine 0.5~1 mg을 근육 주사 한다. 약을 사용한 후에도 증상이 개선되지 않거나 atropine 중독 반응이 나타날 때는 lidocaine을 주사한다.

백부자

***Aconitum koreanum* R. Raymond**

미나리아재비과

산골짜기나 풀밭에서 자라는 여러해살이풀로 마늘쪽 같은 뿌리가 2~3개씩 발달하며 잎은 어긋 난다. 꽃은 7~8월에 피고 연한 황색 또는 황색 바탕에 자줏빛이 돌며 원줄기 끝과 윗부분 잎겨드랑이의 총상꽃차례에 달린다. 꽃잎은 2개로 뒤쪽의 꽃받침잎 속에 들어 있다.

＊효능 뿌리줄기를 백부자라 하며, 중풍・구안와사・신경통・두통・관절통 등의 치료에 사용한다.

＊중독 증상 달이는 시간이 짧거나 용량 과다, 부적절한 수치, 술과 같이 복용하는 등에 의해 중독되며 사지 또는 전신마비・두통・호흡곤란・심장운동 약화・혈압강하・부정맥・빈맥・구토・복통・설사 등의 증상이 나타나며, 임신부는 유산을 일으킬 수 있다.

＊해독법 0.02% 과망간산칼륨액, 2% 식염수 또는 농차로 반복하여 위를 세척한다. 30분 간격으로 atropine 0.5~1 mg을 근육 주사 한다. 약을 사용한 후에도 증상이 개선되지 않거나 atropine 중독 반응이 나타날 때는 lidocaine을 주사한다.

각시투구꽃
Aconitum monanthum **Nakai**

미나리아재비과

백두산 지역의 냇가에서 자라는 여러해살이풀로 높이 20cm 정도이다. 잎은 어긋 나고 3~8개로 완전히 갈라진다. 꽃은 7~8월에 피며 짙은 자주색이고 원줄기 끝에 1~3개가 달린다. 꽃받침잎은 5개로 뒤쪽의 것은 모자 같고 앞쪽이 부리같이 튀어나온다.

＊효능 뿌리를 초오라 하며, 관절통·신경통·복부냉통·설사 등의 치료에 사용한다.

＊중독 증상 달이는 시간이 짧거나 용량 과다, 부적절한 수치, 술과 같이 복용하는 등에 의해 중독되며, 사지 또는 전신마비·두통·어지럼증·호흡곤란·심장운동 약화·혈압강하·사지궐냉·부정맥·빈맥 등의 증상이 나타나며, 임신부는 유산을 일으킬 수 있다.

＊해독법 0.02% 과망간산칼륨액, 2% 식염수 또는 농차로 반복하여 위를 세척한다. 30분 간격으로 atropine 0.5~1 mg을 근육 주사 한다. 약을 사용한 후에도 증상이 개선되지 않거나 atropine 중독 반응이 나타날 때는 lidocaine을 주사한다.

뿌리

개싹눈바꽃

Aconitum pseudo-proliferum **Nakai**

미나리아재비과

중부 지방의 산록이나 풀밭에서 자라는 여러해살이풀로 마늘쪽 같은 뿌리줄기가 2개씩 발달한다. 원줄기는 1~1.5m에 달하며 잎겨드랑이 또는 줄기 끝이 땅에 닿는 곳에서 새 뿌리가 생긴다. 뿌리잎은 꽃이 필 때 없어지고 줄기잎은 3개로 갈라진다. 꽃은 9~10월에 피며 청자색으로 중앙부 잎겨드랑이의 산방꽃차례에 2~4개 달린다.

***효능** 뿌리를 초오라 하며, 관절통·신경통·복부냉통·설사 등의 치료에 사용한다.

***중독 증상** 달이는 시간이 짧거나 용량 과다, 부적절한 수치, 술과 같이 복용하는 등에 의해 중독되며 사지 또는 전신마비·두통·어지럼증·호흡곤란, 심장운동 약화·혈압강하·사지궐냉·부정맥·빈맥 등의 증상이 나타나며, 임신부는 유산을 일으킬 수 있다.

***해독법** 0.02% 과망간산칼륨액, 2% 식염수 또는 농차로 반복하여 위를 세척한다. 30분 간격으로 atropine 0.5~1 mg을 근육 주사 한다. 보통 24시간 이내에 해독된다. 약을 사용한 후에도 증상이 개선되지 않거나 atropine 중독 반응이 나타날 때는 lidocaine을 주사한다.

뿌리줄기

이삭바꽃

***Aconitum kusnezoffii* Reich.**

미나리아재비과

산지의 숲 속에서 자라는 여러해살이 풀로 높이 1m에 이르고 곧추 자라며 꽃차례를 제외한 다른 부분에는 털이 거의 없다. 잎은 어긋 나고 3~5개로 갈라진다. 꽃은 8월에 피고 하늘색이며 작은 꽃자루에 잔털이 있다. 꽃받침잎은 5개로 양쪽의 것은 둥근 달걀 모양이며 밑부분의 것은 긴 타원형이다. 2개의 꽃잎이 늘어져서 뒤쪽의 꽃받침잎 속에 들어 있고 수술은 많으며 암술은 5개로 털이 없다. 골돌은 5개로 타원형이며 끝에 암술대가 남아 있다.

***효능** 뿌리를 초오라 하여 관절염・신경통・복부냉통・설사 등의 치료에 사용한다.

***중독 증상** 달이는 시간이 짧거나 용량 과다, 부적절한 수치, 술과 같이 복용하는 등에 의해 중독되며, 사지 또는 전신마비・두통・어지럼증・호흡곤란・심장운동약화・혈압강하・사지궐냉・부정맥・빈맥 등의 증상이 나타나며, 임신부는 유산을 일으킬 수 있다.

***해독법** 위를 세척한 다음 atropine, lidocaine 등의 약물 치료를 한다. 꿀, 녹두 또는 서각 달인 물을 내복한다.

그늘돌쩌귀

***Aconitum uchiyamai* Nakai**

미나리아재비과

지리산, 금강산 및 북부 지방에서 자라는 여러해살이풀로 높이 1m이며 전체에 털이 없다. 뿌리잎은 잎자루가 길고 줄기잎은 잎자루가 보다 짧으며 위로 올라가면서 거의 없어진다. 잎은 3개로 갈라지며 측열편은 다시 2개로 갈라진다. 꽃은 8월에 피고 자줏빛이 도는 연한 하늘색이며 원줄기 끝이나 윗부분의 잎겨드랑이에서 나오는 총상꽃차례에 달린다. 꽃잎은 2개로 밀선으로 되어 뒤쪽 꽃받침잎 속에 들어 있으며, 수술은 많고 수술대는 날개와 털이 있다. 자방은 5개로 털이 없으며 암술대가 끝에서 뒤로 젖혀진다.

＊효능 뿌리를 초오라 하여 관절염·신경통·복부냉통·설사 등의 치료에 사용한다.

＊중독 증상 달이는 시간이 짧거나 용량 과다, 부적절한 수치, 술과 같이 복용하는 등에 의해 중독되며, 사지 또는 전신마비·두통·어지럼증·호흡곤란·심장운동 약화·혈압강하·사지궐냉·부정맥·빈맥 등의 증상이 나타나며, 임신부는 유산을 일으킬 수 있다.

＊해독법 위를 세척한 다음 atropine, lidocaine 등의 약물 치료를 한다. 꿀, 녹두 혹은 서각 달인 물을 내복한다.

가는줄돌쩌귀

Aconitum volubile **Koelle**

미나리아재비과

북부 및 동부 지방에서 자라는 여러해살이풀로 뿌리줄기가 2~3개씩 발달한다. 잎은 어긋 나고 잎자루는 길지만 위로 올라갈수록 짧아져서 거의 없어지고 3~5개로 갈라진다. 각 열편이 다시 잘게 갈라진다. 꽃은 7~8월에 피고 연한 황색 또는 황색 바탕에 자줏빛이 돈다. 꽃받침잎은 5개로 꽃잎 같고 밑부분의 2개는 비스듬히 밑으로 퍼진다. 꽃잎은 2개로 길게 자라 뒤쪽의 꽃받침잎 속에 들어 있다.

***효능** 뿌리를 초오라 하여 관절염·신경통·복부냉통·설사 등의 치료에 사용한다.

***중독 증상** 달이는 시간이 짧거나 용량 과다, 부적절한 수치, 술과 같이 복용하는 등에 의해 중독되며, 사지 또는 전신마비·두통·어지럼증·호흡곤란·심장운동 약화·혈압강하·사지궐냉·부정맥·빈맥 등의 증상이 나타나며, 임신부는 유산을 일으킬 수 있다.

***해독법** 위를 세척한 다음 atropine, lidocaine 등의 약물 치료를 한다. 꿀, 녹두 혹은 서각 달인 물을 내복한다.

개승마

Cimicifuga acerina (S. et Z.) Tanaka

미나리아재비과

제주도와 거제도의 숲 속에서 자라는 여러해살이풀로 높이 30~100cm이고 윗부분에 짧은 털이 밀생하며 밑부분에는 털이 없고 굵은 뿌리줄기가 옆으로 자란다. 뿌리잎은 잎자루가 길며 1회 3출엽이고, 쪽잎은 원심형이며 5~9개로 깊게 또는 얕게 갈라지며 열편은 끝이 뾰족하고 가장자리에 불규칙한 톱니가 있다. 꽃은 7~8월에 피며 백색으로 겹이삭모양꽃차례에 달리고 꽃잎은 넓은 타원형이다. 골돌은 1개이고 털이 없으며 짧은 과병(果柄)이 있다. 종자는 길이 1.2 mm 정도로 타원형이며 막질이고 주름살이 옆으로 생긴다.

＊효능 뿌리를 질타손상・인후통・관절통 등의 치료에 사용한다.

＊중독 증상 구체적인 중독 증상은 알려져 있지 않으나 독성이 있다는 기록이 있으므로 과량 복용을 금한다.

＊해독법 즉시 토하게 하고 미음이나 달걀 흰자를 먹여 위를 보호한 후 안정시킨다.

새모래덩굴

***Menispermum dauricum* DC.**

방기과

전국 각지의 산야에서 자라는 덩굴지는 여러해살이풀로 길이 1~3m이고 줄기에 털이 없다. 잎은 어긋 나며 표면은 녹색이고 뒷면은 흰빛이 돌며 털이 없다. 잎자루는 잎 가장자리로부터 6~10mm 떨어져 방패처럼 달린다. 꽃은 암수한그루로 6월에 피며 연한 황색이다. 열매는 지름 1cm 정도로 둥글며 흑색으로 9월에 익는다. 종자는 지름 7mm 정도로 편평하며 둥근 콩팥 모양이고 요철이 심한 홈이 있다.

***효능** 뿌리를 관절통·사지마비·신경통·인후염·부종 등의 치료에 사용한다.

***중독 증상** 장기간 복용하거나 과량 복용하면 빈맥 및 간에 대한 독성이 일어날 수 있다.

***해독법** 즉시 복용을 중지하고 간을 보호하는 약을 투여하는 등의 대증요법을 실시한다.

붓순나무

Illicium religiosum **S. et Z.**

붓순나무과

남쪽 섬에서 자라는 늘푸른떨기나무로 높이 3~5m이고 가지에 털이 없다. 잎은 혁질(革質)이며 긴 타원형이고 양면에 털이 없다. 꽃은 4월에 피며 녹백색으로 잎겨드랑이에 달리고 꽃자루는 길이 1cm이며 꽃받침잎은 6개, 꽃잎은 12개이다. 골돌은 지름 2~2.5cm이고 바람개비처럼 배열되며 9월에 익는다. 외과피는 육질이고 내과피는 각질이며, 황색 종자가 1개씩 들어 있다.

***효능** 과실을 소나 말의 피부 기생충 구제에 사용한다.

***중독 증상** 유효 성분인 anisatin은 호흡중추흥분·혈압상승·경련을 일으킬 수 있으며, illicin은 소량으로 혈액을 응고시킨다. 과실을 잘못 복용하면 구토·하리·호흡장애·순환기장애 등을 일으키며 결국에는 사망한다.

***해독법** 즉시 토하도록 하고, 병원으로 옮겨 치료한다.

양귀비

***Papaver somniferum* L.**

양귀비과

약용이나 관상용으로 재배하는 두해살이풀로 잎은 회청색으로 어긋나며 밑부분이 원줄기를 반 정도 얼싸안고 끝이 뾰족하며 가장자리에 불규칙한 결각상의 톱니가 있다. 꽃은 5~6월에 피며 백색 외에 여러 가지 색이 있고, 원줄기 끝에 1개씩 위를 향해 달리며, 꽃봉오리가 밑으로 처진다. 꽃받침잎은 2개로 일찍 떨어지고, 꽃잎은 길이 5~7cm로 4개이며 둥글다. 삭과는 달걀 모양으로 둥글고 익으면 윗부분의 구멍에서 종자가 나온다.

＊효능 익지 않은 열매에 상처를 내어 받은 유액으로 아편(阿片)을 만들며, 해소·천식·복통·설사 등의 치료에 사용한다.

＊중독 증상 급성 중독 초기에는 졸음·두통·구토·변비·배뇨곤란·담낭 부위의 통증·동공축소 등이 증상이 나타나며, 심하면 사망한다.

＊해독법 0.05% 과망간산칼륨액으로 위를 반복하여 세척하고 황산마그네슘을 투여하여 설사를 시킨다. 5% CO_2를 함유한 산소를 공급하고 중추흥분제를 사용한다. 또 호흡기감염으로 인한 폐렴 증상이 나타날 수 있으므로 항생제를 사용하여 감염을 예방한다. 아편은 간을 손상시킬 수 있으므로 적당한 간장 보호제를 투여하여 간장의 해독 작용을 촉진시켜 준다.

애기똥풀

***Chelidonium majus* var. *asiaticum* (Hara) Ohwi**

양귀비과

숲 가장자리에서 흔히 자라는 두해살이풀로 뿌리는 등황색이고, 줄기는 높이 30~80cm로 상처를 내면 등황색의 유액이 나온다. 잎은 어긋 나고 1~2회 깃 모양으로 갈라지며 끝이 둥글고 뒷면은 백색이다. 잎 표면은 녹색이며 가장자리에 둔한 톱니와 결각이 있다. 꽃은 5~9월에 피며 황색이고 원줄기와 가지 끝에 달린다. 삭과는 길이 3~4cm, 지름 2mm 정도로 양끝이 좁고 같은 길이의 대가 있으며, 암술머리는 약간 굵고 끝이 2개로 얕게 갈라진다.

＊효능 이질・위통・기관지염・황달・간염・간경화증 등의 치료에 사용한다.

＊중독 증상 과량 복용하면 어지럼증・두통・메스꺼움・사지마비・혈압하강 등의 증상이 나타난다.

＊해독법 초기에 토하게 하고 위를 세척한 후 설사를 시킨다. 필요시엔 수액을 공급하고 기타 대증요법을 실시한다.

피나물
***Hylomecon vernale* Max.**

양귀비과

중부 이북의 숲 속에서 자라는 여러해살이풀로 자르면 황적색의 유액이 나오고, 뿌리줄기는 짧고 굵으며 옆으로 자라고 원줄기는 높이 30cm 정도이다. 뿌리잎은 잎자루가 길며 5~7개로 갈라진 깃꼴겹잎이다. 꽃은 4~5월에 피고 원줄기 끝의 잎겨드랑이에 1~3개가 달리며, 꽃자루 끝에 1개씩 달린다. 꽃잎은 길이 2.5cm로 4개이고 달걀 모양으로 둥글고 윤채가 있는 황색이며, 그 속에 많은 수술과 1개의 암술이 있다. 삭과는 길이 3~5cm, 지름 3mm 정도로 많은 종자가 들어 있다.

***효능** 신경통·관절통·타박통·습진 등의 치료에 사용한다. 2~4g씩 달여서 복용하거나 짓찧어 환부에 붙인다.

***중독 증상** 구체적인 중독 증상은 알려져 있지 않으나, 과량 복용하면 유독하다는 기록이 있으므로 주의해야 한다.

***해독법** 초기에 토하게 하고 위를 세척한 후 설사를 시킨다. 필요시엔 수액을 공급하고 기타 대증요법을 실시한다.

자주괴불주머니
Corydalis incisa **Pers.**

현호색과

남쪽 지방에서 자라는 두해살이풀로 뿌리는 긴 타원형이고 원줄기는 높이 20~50cm로 여러 대가 한군데에서 나온다. 뿌리잎은 길이 3~8cm로 3개씩 2회 갈라진다. 꽃은 5월에 피며 홍자색으로 원줄기 끝의 총상꽃차례에 달린다. 꽃잎은 한쪽이 입술 모양으로 넓게 퍼지고 다른 한쪽은 거로 된다. 삭과는 긴 타원형이고 밑으로 처지며, 윤채가 있는 흑색의 종자가 들어 있다.

＊효능 지상부를 자화어등초(紫花魚燈草)라 하며, 옴이나 벌레독에 의한 피부염·뱀에 물린 상처·탈항 등의 치료에 외용하며, 요슬마비(腰膝痲痺) 등의 치료에 내복한다.

＊중독 증상 약효 성분인 protopine은 독성이 크므로 약을 오랫동안 달여야 하며 소량을 복용한다. 과량 복용하면 어지럼증·가슴두근거림·혈압강하·허탈 등의 증상이 나타나고 결국에는 호흡마비로 사망한다.

＊해독법 초기에 토하게 하고 위를 세척한 후 설사를 시킨다. 필요시엔 수액을 공급하고 기타 대증요법을 실시한다.

눈괴불주머니

***Corydalis ochotensis* Turcz.**

현호색과

숲 가장자리의 습지에서 자라는 두해살이풀로 전체에 분백색이 돈다. 잎은 어긋 나며 잎자루가 길고 삼각형으로 2~3회 3출엽이다. 꽃은 지름 15~20mm로 7~9월에 피며 황색이고 가지 끝과 원줄기 끝의 총상꽃차례에 달린다. 삭과는 선형이고, 종자는 흑색으로 2줄로 배열되고 밋밋하다.

＊효능 옴이나 벌레독에 의한 피부염·뱀에 물린 상처·탈항 등의 치료에 외용하며, 요슬마비 등의 치료에 내복한다.

＊중독 증상 약효 성분인 protopine은 독성이 크므로 약을 오랫동안 달여야 하며 소량을 복용한다. 과량 복용하면 어지럼증·가슴두근거림·혈압강하·허탈 등의 증상이 나타나고 결국에는 호흡마비로 사망한다.

＊해독법 초기에 토하게 하고 위를 세척한 후 설사를 시킨다. 필요시엔 수액을 공급하고 기타 대증요법을 실시한다.

염주괴불주머니

***Corydalis heterocarpa* S. et Z.**

현호색과

바닷가 모래땅에서 자라는 두해살이풀로 높이 40~60cm이며 전체에 분록색이 돌고 자르면 불쾌한 냄새가 난다. 잎은 어긋 나고 대개 잎자루가 있으며 2~3회 깃 모양으로 갈라지고 열편은 결각이 있다. 꽃은 4~5월에 피며 황색이고 한쪽이 입술 모양으로 벌어지며 다른 한쪽은 거로 되고, 원줄기 끝의 총상꽃차례에 달린다. 삭과는 넓은 선형이고 염주처럼 잘록잘록하며, 종자는 흑색이고 1줄로 배열되며 돌기가 밀생한다.

***효능** 옴이나 벌레독에 의한 피부염·뱀에 물린 상처·탈항 등의 치료에 외용하며, 요슬마비 등의 치료에 내복한다.

***중독 증상** 약효 성분인 protopine은 독성이 크므로 약을 오랫동안 달여야 하며 소량을 복용한다. 과량 복용하면 어지럼증·가슴두근거림·혈압강하·허탈 등의 증상이 나타나고 결국에는 호흡마비로 사망한다.

***해독법** 초기에 토하게 하고 위를 세척한 후 설사를 시킨다. 필요시엔 수액을 공급하고 기타 대증요법을 실시한다.

산괴불주머니

***Corydalis speciosa* Max.**

현호색과

산지에서 흔히 자라는 두해살이풀로 곧추 서서 가지가 갈라지고 높이 50cm에 달하며 전체에 분록색이 돌고 속이 비어 있다. 잎은 어긋 나며 2회 깃 모양으로 갈라진다. 꽃은 지름 3~10cm로 4~6월에 피고 황색이며 원줄기와 가지 끝의 총상꽃차례에 달리고, 꽃잎은 길이 2cm로 한쪽이 입술 모양으로 벌어지고 다른 한쪽은 다소 구부러진 거로 되며, 6개의 수술은 각각 2개로 갈라진다. 삭과는 선형이고 염주같이 잘록잘록하며, 종자는 흑색이고 둥글다.

＊효능 옴이나 벌레독에 의한 피부염·뱀에 물린 상처·탈항 등의 치료에 외용하며, 요슬마비 등의 치료에 내복한다.

＊중독 증상 약효 성분인 protopine은 독성이 크므로 약을 오랫동안 달여야 하며 소량을 복용한다. 과량 복용하면 어지럼증·가슴두근거림·혈압강하·허탈 등의 증상이 나타나며 결국에는 호흡마비로 사망한다.

＊해독법 초기에 토하게 하고 위를 세척한 후 설사를 시킨다. 필요시엔 수액을 공급하고 기타 대증요법을 실시한다.

바위솔

***Orostachys japonicus* A. Berger**

돌나물과

산지의 바위 겉에 붙어서 자라는 여러해살이풀로 꽃이 피고 열매를 맺은 후에 지상부는 스러진다. 뿌리잎은 방사상으로 퍼지고 원줄기에 잎이 다닥다닥 달리며 잎자루가 없고 녹색, 자주색 또는 분백색인 것도 있다. 꽃은 9월에 피고 백색이며 꽃자루가 없는 꽃이 총상꽃차례에 밀착하여 달리고, 꽃받침잎과 꽃잎은 각각 5개이다.

＊효능 전초를 와송(瓦松)이라 하며, 이질·비출혈·간염·학질·습진 등의 치료에 사용한다.

＊중독 증상 독성은 강하지 않으나, 과량 복용하면 심박동 감소·혈압강하 등의 중독 증상이 나타난다.

＊해독법 즉시 토하게 하고 위를 세척한 후 증상에 따라 대증요법을 실시한다.

수 국

***Hydrangea macrophylla* for. *otaksa* (S. et Z.) Wils.**

범의귀과

관상용으로 널리 재식하고 있는 갈잎 떨기나무로 높이 1m이며 겨울 동안 윗부분이 고사(枯死)한다. 잎은 마주 나며 두껍고 짙은 녹색으로 윤채가 있고, 끝이 뾰족하고 가장자리에 톱니가 있다. 꽃은 무성화로 6~7월에 줄기 끝의 산방꽃차례에 달린다. 꽃받침잎은 4~5개로 꽃잎 모양이고 처음에는 연한 자주색이나 벽색을 거쳐 연한 홍색으로 된다. 꽃잎은 극히 작으며 4~5개이고, 수술은 10개 정도이며, 암술은 퇴화되고 암술대는 3~4개이다.

***효능** 전초를 팔선화(八仙花)라 하여 학질·가슴두근거림·고혈압 등의 치료에 사용한다.

***중독 증상** 중독을 일으키는 주성분인 hydrangenol은 독성이 커서 과량 복용하면 구토를 일으킨다.

***해독법** 구토·설사 및 위세척을 시킨 후 활성탄을 사용하여 독물을 흡착시키며, 기타 대증요법을 실시한다.

산수국

Hydrangea serrata* for. *acuminata
(S. et Z.) Wils.

범의귀과

경기도 및 강원도 이남의 산골짜기나 전석지(轉石地)에서 자라는 갈잎떨기나무로 높이 1m에 이르며 어린 가지에 잔털이 있다. 잎은 마주 나고 끝이 꼬리처럼 길어지며 예리한 톱니가 있고 표면의 측맥과 뒷면 맥 위에 털이 있다. 꽃은 7~8월에 피며 가지 끝의 산방꽃차례에 달리며, 꽃받침잎은 3~5개로 꽃잎 같고 백홍벽색 또는 벽색이다. 수술은 5개이고 암술대와 더불어 길이 3~4mm이다.

＊효능 약용으로 사용된 기록은 없다.

＊중독 증상 중독을 일으키는 주성분인 hydrangenol은 독성이 커서 과량 복용하면 구토를 일으킨다.

＊해독법 구토·설사 및 위세척을 시킨 후 활성탄을 사용하여 독물을 흡착시키며, 기타 대증요법을 실시한다.

뱀딸기

Duchesnea chrysantha (Zoll. et Morr.) Miq.

장미과

전국의 산야에 흔히 자라는 여러해살이풀로 줄기는 꽃이 필 때는 짧지만 열매가 익을 무렵에는 마디에서 뿌리가 내려 길게 벋는다. 잎은 어긋 나고 3출엽이며, 턱잎은 길이 7mm로 달걀 모양의 피침형이다. 꽃은 4~5월에 피고 황색이며 잎겨드랑이에서 자라는 긴 꽃자루에 1개씩 달리고 꽃받침과 더불어 털이 있다. 꽃잎은 끝이 약간 팬 역삼각형이며, 열매는 둥글고 연한 홍백색 바탕에 붉은빛이 도는 수과가 흩어져 있다.

***효능** 전초를 사매(蛇莓)라 하며 열병발작·해수·인후동통·이질·뱀에 물린 상처 등의 치료에 9~15g을 달여서 복용하거나 생즙을 내어 복용하며, 외용에는 짓찧어 바른다.

***중독 증상** 독성은 적으나 간혹 코피·자반증 등을 일으키는 수가 있으며 심하면 발열·혈소판감소 등의 증상이 나타난다.

***해독법** 수혈·수액공급·산소공급·지혈제 주사·부신피질 호르몬제 주사 등의 방법이 있다.

주엽나무

Gleditsia japonica var. _koraiensis_ Nakai

콩 과

전국에서 자라는 갈잎큰키나무로 높이 15~20m이며 곳곳에 편평한 가시가 있다. 잎은 어긋 나고 1~2회 깃 모양으로 갈라지며, 쪽잎은 5~8쌍이다. 꽃은 지름 6mm 정도로 6월에 피며 연한 녹색이고 총상꽃차례에 달린다. 꽃받침잎과 꽃잎은 각각 5개이고, 수술은 9~10개이고 녹색이며, 꼬투리는 꼬인다.

＊효능 과실을 조협(皁莢)이라 하며 중풍와사·해수·천식·혈변·종기 등의 치료에 1~1.5g을 산제나 환제로 만들어 복용한다. 외용에는 달인 물로 씻거나 짓찧어서 붙인다. 굵은 가시는 조각자(皁角子)라 하며 종기·창독·태반잔류 등의 치료에 3~9g을 달여서 복용한다.

＊중독 증상 성분 중 gledinin은 용혈작용·중추신경 흥분 및 마비 작용·호흡마비 작용 등이 있어, 과량 복용하면 위부작열감·구토·설사·안면창백·황달·혈뇨·단백뇨·어지럼증·사지마비 등의 증상이 나타나며 결국에는 사망한다.

＊해독법 최토·위세척을 시키고 5% 포도당을 정맥 주사 하며, 중환자에게는 수혈하거나 부신피질 호르몬제 등을 투여한다.

열매

조각자나무

***Gleditsia sinensis* Lam.**

콩 과

중국 원산으로 우리 나라 남부 지방에서 드물게 재식하는 갈잎큰키나무로 높이 15~20m 정도이고 곳곳에 굵은 가시가 있다. 잎은 어긋 나며 3~6쌍의 쪽잎으로 구성된 깃꼴겹잎이다. 꽃은 잡성암수한그루로 6월에 피며 꽃받침잎과 꽃잎은 각각 5개이다. 꼬투리는 편평하며 9~10월에 익는다. 주엽나무와 비슷하지만 가시가 굵으며, 그 단면이 둥글고 꼬투리가 비틀리거나 꼬이지 않는 것이 다르다.

***효능** 과실을 조협이라 하며 중풍와사·해수·천식·장염에 의한 혈변·종기 등의 치료에 1~1.5g을 산제나 환제로 만들어 복용한다. 외용에는 달인 물로 씻거나 짓찧어서 붙인다. 굵은 가시는 조각자라 하며 종기·창독·태반잔류 등의 치료에 3~9g을 달여서 복용한다.

***중독 증상** 성분 중 gledinin은 용혈작용·중추신경 흥분 및 마비 작용·호흡마비 작용 등이 있어, 과량 복용하면 위부작열감·구토·설사·황달·혈뇨·단백뇨·어지럼증·사지마비 등의 증상을 나타내며 결국에는 사망한다.

***해독법** 최토·위세척을 시키고 5% 포도당을 정맥 주사 하며, 중환자에게는 수혈하거나 부신피질 호르몬제 등을 투여한다.

실거리나무

***Caesalpinia japonica* S. et Z.**

콩 과

남부 해안 및 섬에서 자라는 갈잎 떨기나무로 꼬부라진 예리한 가시가 전체에 산생한다. 잎은 어긋 나고 2회 깃꼴겹잎이며, 꽃은 6월에 피고 황색으로 가지 끝에서 나오는 총상꽃차례에 좌우 대칭으로 달린다. 꽃잎과 꽃받침잎은 각각 5개이고 꽃잎에는 적색 줄이 있다. 꼬투리는 긴 타원형이고 딱딱하며 9월에 익고 흑갈색의 종자가 6~8개 정도 들어 있다.

＊효능 뿌리를 도계우(倒桂牛)라 하며 감기에 의한 두통·근육통 등의 치료에 10~15g을 달여서 복용하거나 술에 담가 복용한다. 열매는 운실(雲實)이라 하며 학질·이질·설사 등의 치료에 10~20g을 달여서 복용하거나 환제로 하여 복용한다.

＊중독 증상 과량 복용하면 서맥·혈압강하 등의 증상이 나타난다.

＊해독법 구토·설사 및 위세척을 시킨 후 활성탄을 사용하여 독물을 흡착시킨다. 기타 대증 처치 한다.

미모사

***Mimosa pudica* L.**

콩 과

브라질 원산의 여러해살이풀이다. 잎은 어긋 나며 잎자루가 있고 손바닥 모양으로 퍼져서 다시 깃 모양으로 갈라지며, 쪽잎은 선형이고 가장자리가 밋밋하며 턱잎이 있다. 꽃은 7~8월에 피고 연한 홍색이며, 수술은 길게 밖으로 나오고 암술대는 실같이 길다. 꼬투리는 마디가 있으며 겉에 털이 있고 3개의 종자가 들어 있다. 잎을 만지면 곧 밑으로 처지며 좌우의 쪽잎이 오므라든다.

***효능** 전초를 장염·위염·불면증·요로결석·기관지염·대상포진 등의 치료에 사용한다.

***중독 증상** 독성이 약하여 급성 중독은 드물지만 mimosine 함유 식물을 다량 섭취할 경우 머리털이 빠질 수 있다.

***해독법** tyrosin을 다량으로 섭취하여 mimosine에 대한 길항 작용을 이용하여 치료한다. 기타 대증요법을 실시한다.

도둑놈의지팡이

Sophora flavescens Ait.

콩 과

전국의 들이나 야산에 흔히 자라는 여러해살이풀로 높이 1m 정도이고 줄기는 녹색이나 어릴 때는 검은빛이 돈다. 잎은 어긋 나고 잎자루가 긴 홀수깃꼴겹잎이다. 쪽잎은 15~40개이며 가장자리가 밋밋하다. 꽃은 6~8월에 피고 연한 황색이며, 원줄기 끝과 가지 끝의 총상꽃차례에 달린다. 꼬투리는 길이 7~8cm로 선형이다.

＊효능 뿌리를 고삼(苦蔘)이라 하며 이질에 의한 혈변·급성장염에 의한 하혈·황달·대하·편도선염·화상 등의 치료에 5~9g을 달여서 복용하며 외용에는 달인 물로 씻는다.

＊중독 증상 과량 복용하면 메스꺼움·구토·복통·설사·혈압강하·호흡곤란 등의 증상이 나타난다.

＊해독법 초기에 위를 세척하고 5% 포도당을 정맥 주사 하며, 달걀 흰자나 타닌산액 또는 농차를 마시게 한다.

등
***Wistaria floribunda* A. P. DC.**

콩 과

전국에서 흔히 재식하는 덩굴지는 나무로 길이 10m 정도이고 잎은 어긋 나며 홀수깃꼴겹잎이고, 쪽잎은 13~19개이다. 꽃은 연한 자주색이며 5월에 잎과 같이 피는데, 가지 끝에서 나오는 총상꽃차례에 달린다. 꼬투리는 길이 10~15cm로 털이 있고 기부로 갈수록 좁아지며 열매는 9월에 익는다.

***효능** 줄기 및 뿌리를 감기 및 신경통 치료에 사용한다.

***중독 증상** 과량 복용하면 구토·복통·어지럼증·점막건조·혈압상승 등의 증상이 나타난다.

***해독법** 즉시 토하게 하고 위를 세척한다. 증상이 약할 때는 금은화·감초·흑설탕을 같이 달여 마시고, 호흡억제 증상을 나타낸 경우에는 인공 호흡을 실시하며, 심장쇠약자에게는 강심제를 투여하는 등 증상에 따라 처치한다.

활나물

Crotalaria sessiliflora L.

콩 과

들에서 자라는 한해살이풀로 높이 20~65cm이고 잎 표면을 제외하고 전체에 긴 갈색 털이 있다. 잎은 길이 4~10cm, 너비 3~10mm로 어긋 나고 잎자루가 거의 없으며 넓은 선형 또는 피침형이고 턱잎은 선형이다. 꽃은 7~9월에 피고 청자색이며 원줄기와 가지 끝의 이삭모양꽃차례에 달리고, 포는 선형이다. 꽃잎은 꽃받침보다 작고 꼬투리는 긴 타원형으로 밋밋하다.

***효능** 전초를 야백합(野百合)이라 하며, 이질·피부화농증 등의 치료에 사용한다. 최근에는 항암제로도 사용되고 있다.

***중독 증상** 유효 성분인 monocrotaline은 독성이 매우 강하며, 과량 복용하면 식욕감퇴·메스꺼움·구토·간종대·복수·간기능장애 등의 증상이 나타난다.

***해독법** 위를 세척하고 설사를 유도하는 등 독물 배설을 촉진시키며, 기타 증상에 따라 적절히 처치한다.

남가새

***Tribulus terrestris* L.**

남가새과

남부 지방의 해안에서 자라는 한해살이풀로 밑에서 가지가 많이 갈라져 옆으로 길이 1m 정도 자란다. 잎은 4~8쌍의 쪽잎으로 구성된 깃꼴겹잎이다. 꽃은 7월에 피며 황색으로 잎겨드랑이에 1개씩 달리며, 꽃받침잎은 5개이며 꽃이 핀 다음 떨어진다. 수술은 10개이며 자방은 1개이고 털이 많다. 열매는 5개로 갈라지며 각 조각에는 2개의 뾰족한 돌기가 있다.

＊효능 열매를 백질려(白疾藜)라 하며 중풍·두통·피부소양증·결막염·유선염·결핵성림프선염 등의 치료에 사용한다. 6~9g을 달여서 복용한다.

＊중독 증상 함유되어 있는 성분 중 질산칼륨은 메트헤모글로빈혈증을 유발할 수 있으므로 복용량을 준수해야 한다.

＊해독법 구토·설사 및 위세척을 시킨 후 활성탄을 사용하여 독물을 흡착시킨다. 기타 대증요법을 실시한다.

머귀나무

***Zanthoxylum ailanthoides* S. et Z.**

운향과

울릉도와 남쪽 섬에서 자라는 갈잎큰키나무로 높이 10~15m이고, 가시는 길이 5~7mm이다. 잎은 어긋 나고 19~23개의 쪽잎으로 구성된 홀수깃꼴겹잎으로 잔톱니가 있다. 꽃은 5월에 길이 12cm의 꽃자루가 있는 원추모양꽃차례에 달리며 꽃받침잎은 둥글고 꽃잎은 긴타원형이다. 열매는 11월에 익고 매운맛이 있으며 향기가 적다.

＊효능 과실을 식수유(食茱萸)라 하며 심복냉통(心腹冷痛)·하리·치통 등의 치료에 사용한다. 2~3g을 달여서 복용하거나 환제, 산제로 하여 복용하며, 외용에는 짓찧어 바른다. 잎은 감기 및 학질의 치료에 사용한다.

＊중독 증상 구체적인 중독 증상은 알려져 있지 않으나 과량 복용은 금하며, 특히 폐결핵 환자 등과 같이 몸에 진액이 부족하거나 허열이 있는 사람은 복용을 금한다.

소태나무

Picrasma quassioides (D. Don) Benn.

소태나무과

전국의 산지에서 자라는 갈잎큰키나무로 적갈색 껍질에 황색 피목이 산생한다. 잎은 어긋 나고 9~15개의 쪽잎으로 구성된 홀수깃꼴겹잎이며 가장자리에 톱니가 있다. 꽃은 암수딴그루로 6월에 피며 4~5개의 꽃잎과 수술이 있고, 열매는 달걀 모양으로 9월에 적색으로 익고 밑부분에 꽃받침이 달려 있다.

＊효능 목부를 고목(苦木)이라 하며 소화불량·하리·위장염·담도염·편도선염·인후염·습진 등의 치료에 5~9g을 달여서 복용하며, 외용에는 달인 물로 씻거나 가루를 내어 바른다.

＊중독 증상 과량 복용하면 인후염·구토·설사·어지럼증·경련 등의 증상이 나타나며, 심하면 쇼크에 빠진다.

＊해독법 위를 세척하고 달걀 흰자 또는 미음을 먹여 위를 보호한다. 설탕물을 먹이거나 포도당염액을 정맥 주사 한다. 복통이 심한 경우에는 atropine이나 camphor를 주사하며, 경련을 일으키면 phenobarbital을 투여하고, 쇼크시에는 항쇼크 치료를 실시한다.

멀구슬나무

***Melia azedarach* var. *japonica* Makino**

멀구슬나무과

남부 지방에서 재식하는 갈잎큰키나무로 높이 15m에 이르며 수피가 잘게 갈라진다. 잎은 어긋 나고 홀수깃꼴겹잎이다. 꽃은 5월에 피며 연한 자주색이고 가지 끝의 원추모양꽃차례에 달리며 꽃받침잎과 꽃잎은 각각 5개이다. 수술은 10개이며 합쳐져서 통상으로 되고 자줏빛이 돌며, 열매는 9월에 황색으로 익는다.

＊효능 수피 또는 근피를 고련피(苦楝皮)라 하며 구충 및 풍진(風疹)·옴·피부소양증의 치료에 사용한다. 6~9g을 달여서 먹거나 환제, 산제로 복용하며, 외용에는 달인 물로 씻는다. 과실은 천련자(川楝子)라 하여 위통의 치료에 사용한다.

＊중독 증상 과량 복용하면 두통·어지럼증·혀의 마비 및 연하곤란·운동장애·구토·복통·혈압강하·안면창백 등의 증상이 나타나며, 심하면 급성순환부전으로 사망한다.

＊해독법 최토 또는 위세척을 시킨 후 활성탄·연뿌리 녹말 또는 달걀 흰자를 복용시킨다. 진전·경련시에는 항경련제나 진정제를 투여하거나 포도당염액을 정맥 주사 한다. 순환 부전시에는 강심제나 호흡중추 흥분제를 사용한다. 감초즙·녹두즙 또는 창포즙을 내복시킨다.

꽃

굴거리

***Daphniphyllum macropodum* Miq.**

대극과

남부 지방 및 중부 해안을 따라 자라는 늘푸른떨기나무로 높이 10m에 이르고 잎은 가지 끝에 모여 어긋 나며 긴 타원형이고 표면은 녹색으로 광택이 있으며 뒷면은 회백색이다. 꽃은 암수한그루로 꽃잎이 없고 녹색이 돈다. 열매는 긴 타원형으로 10~11월에 암벽색으로 익는다.

＊효능 수피를 교양목(交讓木)이라 하여 민간에서 구충제·곤충에 물린 상처 치료·거담약·이뇨약 등으로 1일 2~3g을 달여서 복용한다.

＊중독 증상 구체적인 중독 증상은 보고된 바 없으나 유독하다는 기록이 있으므로 용량에 주의해서 복용한다.

＊해독법 초기에 토하게 하고 위를 세척한 다음 설사를 시킨다. 수액을 공급하고 기타 대증요법을 실시한다.

광대싸리

Securinega suffruticosa Rehder

대극과

산야에서 흔히 자라는 갈잎떨기나무로 가지는 끝이 밑으로 처지고 갈색이 돈다. 잎은 타원형으로 어긋 나며 흰빛이 돈다. 꽃은 암수딴그루로 수꽃은 잎겨드랑이에서 다수 모여 나며 꽃받침잎과 수술은 각각 5개이다. 암꽃은 잎겨드랑이에 2~5개씩 달린다. 삭과는 편구형이며 3조각으로 갈라져서 6개의 종자가 나온다.

＊효능 줄기와 잎을 일엽추(一葉秋)라 하며 소아마비 후유증·신경통·류머티즘 등의 치료에 사용하며, bergenin을 주성분으로 함유하고 있어 위장 질환에도 효능이 있다.

＊중독 증상 과량 복용하면 securinine계 알칼로이드 성분에 의한 부작용으로 심박급속·호흡곤란·어지럼증·안면창백·경련 등 중추 신경계 중독과 유사한 증상이 나타난다.

＊해독법 초기에 위세척 또는 구토를 시킨다. 그러나 경련 등의 증상이 나타난 후에 위를 세척하거나 구토를 시키면 쇼크 상태에 빠지므로 주의한다. 그 후 활성탄이나 타닌산액을 내복시킨다. 경련시에는 안정제를 주사하거나 10% chloral hydrate로 관장시킨다.

유 동
***Aleurites fordii* Hemsl.**

대극과

남부 지방에서 심고 있는 갈잎큰키나무로 높이 10m에 이르고 원줄기에서 굵고 곧은 가지가 사방으로 퍼진다. 잎은 어긋 나고 심장형이며 가장자리가 밋밋하다. 꽃은 암수한그루로 5월에 피며 붉은 빛이 도는 백색이고 가지 끝의 원추모양꽃차례에 달린다. 삭과는 지름 3~4cm로 공 모양이고 끝이 뾰족하고 9월에 익으며, 안에는 3개의 종자가 들어 있다.

***효능** 종자를 유동자(油桐子)라 하여 단독(丹毒)·농포창(膿疱瘡)·대소변불통 등의 치료에 사용하며, 뿌리는 유동근(油桐根)이라 하여 관절통·대소변불통 등의 치료에 사용한다.

***중독 증상** 유동의 종자를 짜서 만든 동유(桐油)나 유동자를 먹으면 급성 중독 증상을 일으킨다. 중독되면 어지럼증·오심·구토·복통·설사·혈변·사지경련·호흡촉박·단백뇨·수족 및 입술마비 등의 증상이 나타나며 심하면 사망한다. 유독 성분은 elaeostearic acid이다.

***해독법** 최토·위세척 및 설사유도로 약물을 체내에서 배출시킨 다음 달걀 흰자나 우유 또는 밀가루로 쑨 풀을 먹여 위점막을 보호한다.

조구나무

Sapium sebiferum (L.) Roxb.

대극과

중국 원산의 갈잎큰키나무로 남부 지방에 재식하고 있으며 높이 10m에 이른다. 잎은 어긋 나고 약간 두꺼우며 가장자리가 밋밋하고, 잎자루는 길고 상단에 2개의 선점이 있다. 꽃은 6~7월에 가지 끝의 총상꽃차례에 달리고 삭과는 둥근 타원형으로 흑색으로 익으며, 3개의 백색 종자가 들어 있다.

***효능** 복창·수종 등의 치료에 하제로 사용되며, 습진 등에 외용한다.

***중독 증상** 주요 독성 성분은 백색 유즙, 잎 및 종자에 함유되어 있는 고미질 성분인 sapiin으로, 중독되면 위부작열감·구토·설사·복통·두통·이명·심계항진·사지궐냉 등의 증상이 나타난다.

***해독법** 위를 세척한 다음 활성탄이나 꿀물을 먹인다. 설사나 구토가 심한 경우에는 5% 포도당염액을 정맥 주사 한다.

피마자

***Ricinus communis* L.**

대극과

열대산의 한해살이풀로 높이 2m에 이르고 잎은 어긋 나고 방패 모양이며, 잎자루는 길고 5~11개로 갈라진다. 8~9월에 원줄기 끝에 길이 20cm 정도의 총상꽃차례가 달리고, 수꽃은 밑부분에 달리며 수술대가 잘게 갈라지고 암꽃은 윗부분에 모여 달린다. 삭과는 3실이고 종자가 1개씩 들어 있으며, 종자는 타원형으로 밋밋하며 암갈색 반점이 있다.

＊효능 종자를 피마자(蓖麻子)라 하며 종기·결핵성경부림프선염·옴 등의 치료에 외용하며, 복수·변비 등에 설사약으로 사용한다.

＊중독 증상 중독되면 인후 및 식도의 작열감·구토·복통·설사·경련·용혈·간장 및 신장 손상·황달 등의 증상이 나타난다.

＊해독법 최토·위세척 및 관장을 하여 독물을 배출시킨다. 지방이 있는 음식을 금지하고 밀가루로 쑨 풀 등을 먹어 위점막을 보호한다. 수혈·수액 및 전해질을 공급하고 항리신(ricin) 혈청을 피하주사 한다.

두메대극

Euphorbia fauriei Lév. et Vnt.

대극과

한라산 정상 근처에서 자라는 여러해살이풀로 줄기는 높이 10~30cm이고 굵은 뿌리의 선단에서 모여 난다. 잎은 어긋 나며, 꽃은 6~7월에 황록색으로 핀다. 소총포는 찻잔 모양이고 그 속에 몇 개의 수꽃과 1개의 암꽃이 들어 있다. 수술과 암술은 각각 1개이다. 자방은 둥글고 겉에 사마귀 같은 돌기가 있으며 암술대가 6개로 갈라진다.

＊효능 뿌리를 대극(大戟)이라 하며 부종·간경화성 복수·결핵성복막염에 의한 복수 및 정신분열증 등의 치료에 사용한다.

＊중독 증상 피부와 접촉하면 접촉성피부염을 일으킨다. 과량 복용하면 인후부 종창·메스꺼움·구토·복통·설사 등의 증상이 나타나고, 심하면 탈수에 의해 허탈 상태에 빠진다. 유독 성분이 흡수되면 혼미·경련·동공산대를 유발하며 결국에는 호흡마비로 사망한다.

＊해독법 초기에는 과망간산칼륨액으로 위를 세척하고, 구토·설사가 심할 때는 전해질과 수액을 정맥 주사 한다. 호흡마비가 나타나기 시작하면 lobeline 등의 호흡 촉진제를 투여한다.

뿌리

붉은대극

Euphorbia ebracteolata **Hayata**

대극과

계곡에서 자라는 여러해살이풀로 높이 30~50cm에 이르며 어릴 때는 적자색이나 다 자란 것은 녹색이다. 뿌리는 방추형의 비후한 육질로 황색의 즙액을 다량 함유하고 있다. 잎은 어긋 나며 잎자루가 없고 잎 끝은 둥글다. 꽃은 4~5월에 피고 잎겨드랑이 또는 줄기 끝의 총상꽃차례에 달린다. 삭과는 둥글며 돌기가 없다.

***효능** 뿌리를 낭독(狼毒)이라 하며, 복수・경부림프선염・골결핵・해수 등의 치료에 사용한다.

***중독 증상** 과량 투여하면 구강 및 인후를 자극하고, 오심・구토・복통・설사・어지럼증・두통・무력감 등의 증상이 나타나며, 심하면 미쳐 날뛰며 경련을 일으킨다. 경우에 따라서는 간이나 신장 기능에 손상을 가져오고 백혈구 감소를 일으킨다.

***해독법** 0.02~0.05% 과망간산칼륨액으로 위를 세척한 후 활성탄을 내복하거나 농차를 마신다. 설사나 구토를 많이 한 경우에는 수액 및 비타민 C를 주사한다. 기타 대증요법을 실시한다.

등대풀

***Euphorbia helioscopia* L.**

대극과

경기도 이남의 해안에서 자라는 두해살이풀로 높이 30cm에 이르고 자르면 유액이 나오며 흔히 밑에서부터 가지가 갈라진다. 잎은 어긋 나고 가지가 갈라지는 끝부분에서 5개의 잎이 돌려 난다. 소총포는 찻잔 모양으로 황록색이며 윗부분에 4개의 선체(腺體)가 있고, 총포 안에 1개의 암꽃과 몇 개의 수꽃이 있다. 암술대는 3개이며 끝이 2개로 갈라진다. 삭과는 밋밋하고 3개로 갈라지며 종자는 갈색이고 겉에 그물 무늬가 있다.

＊효능 지상부를 택칠(澤漆)이라 하며 부종·결핵성림프선염·골수염·장염·결핵성치루 등의 치료에 사용한다.

＊중독 증상 과량 복용하면 인후종창·메스꺼움·구토·복통·설사 등의 증상이 나타난다.

＊해독법 초기에 토하게 하고 위를 세척한 후 설사를 시킨다. 수액을 공급하고 기타 대증요법을 실시한다.

뿌리

대 극

***Euphorbia pekinensis* Rupr.**

대극과

산야에서 자라는 여러해살이풀로 높이 80cm에 이르고 뿌리가 굵으며 자르면 유액이 나오고 꼬부라진 백색 털이 있다. 잎은 어긋 나고 긴 타원형으로 끝이 뾰족하며 가장자리에 잔톱니가 있으며 중맥은 흰빛이 돈다. 꽃은 5~6월에 피고 원줄기 끝에 달린다. 삭과는 사마귀 같은 돌기가 있으며 3개로 갈라지고, 종자는 길이 1.8 mm 정도로 겉이 밋밋하다.

***효능** 뿌리를 대극이라 하여 부종·간경화성복수·결핵성복막염에 의한 복수 및 정신분열증 등의 치료에 사용한다.

***중독 증상** 피부와 접촉하면 접촉성피부염을 일으킨다. 과량 복용하면 인후종창·메스꺼움·구토·복통·설사 등의 증상이 나타나며, 심하면 탈수에 의해 허탈 상태에 빠진다. 유독 성분이 흡수되면 혼미·경련·동공산대를 유발하며 결국에는 호흡마비로 사망한다.

***해독법** 과망간산칼륨액으로 위를 세척하고, 구토 및 설사가 심할 때에는 전해질과 수액을 정맥 주사 한다. 호흡마비가 나타나기 시작하면 lobeline 등의 호흡 촉진제를 투여한다.

암대극

***Euphorbia jolkini* Boiss.**

대극과

제주도 또는 남쪽 섬의 암석지에서 자라는 여러해살이풀로 높이 40~80cm이며 털이 없다. 잎은 어긋 나고 밀생하며, 끝이 둔하거나 둥글며 밑부분이 점차 좁아지고 중맥은 뒷면 끝까지 돌출하며 가장자리가 밋밋하다. 총포엽은 긴 타원형 또는 타원형으로 노란빛이 돈다. 꽃은 5월에 피며 황록색으로 찻잔모양꽃차례는 1개의 수술로 구성된 수꽃과 1개의 암술로 구성된 암꽃으로 구성된다. 삭과는 겉에 옴 같은 돌기가 있으며, 종자는 다소 둥글고 밋밋하다.

＊효능 뿌리를 결핵성림프선염·골수염·장염 등의 치료에 사용한다.

＊중독 증상 상처를 입으면 흰 유즙이 나오는데, 이 유즙에 접촉되면 피부염·비염·결막염 등을 일으키며, 과량 복용하면 인후종창·충혈·구토 등을 일으키므로 주의해서 복용한다.

＊해독법 초기에 토하게 하고 위를 세척한 후 설사를 시킨다. 수액을 공급하고 기타 대증요법을 실시한다.

노랑대극

Euphoria lunulata **Bunge.**

대극과

서해안의 도서 지방에서 자라는 여러해살이풀로 높이 20cm에 이르고 줄기를 자르면 백색 유액이 나온다. 잎은 어긋나고 잎자루가 없으며 끝이 뾰족하고 가장자리가 밋밋하다. 줄기 끝에 5~6개의 잎이 돌려 나고, 그 위에서 5~6개의 꽃자루가 우산살 모양으로 나온다. 포엽은 2개로 마주 나고 부채를 닮은 반원형이며, 중앙에 찻잔모양꽃차례가 달린다. 선체는 양끝이 돌출한 초생달 모양이며 황색이다. 소총포는 찻잔 모양으로 1개의 암꽃과 여러 개의 수꽃이 있으며, 암술과 수술은 각각 1개이다.

＊효능 전초를 묘안초(猫眼草)라 하며, 진해·거담·종기 등의 치료에 사용한다.

＊중독 증상 일부 환자들에게서 오심·구토·졸음 등의 부작용이 보고되었다.

＊해독법 초기에 토하게 하고 위를 세척한 후 설사를 시킨다. 수액을 공급하고 기타 대증요법을 실시한다.

흰대극

***Euphorbia esula* L.**

대극과

바닷가에서 자라는 여러해살이풀로 높이 10~30cm이고 자르면 백색 유액이 나온다. 잎은 어긋 나고 꽃이 달리지 않는 포기의 윗부분과 짧은 곁가지에서는 밀생한다. 꽃차례 밑의 잎은 5개가 돌려나며, 꽃은 6~7월에 황색으로 피고, 총포엽은 황색이며 심장형으로 마주 나고 중앙의 찻잔모양꽃차례에 달린다. 선체는 양끝이 밖으로 돌출한 초생달 모양이며 황색이다. 소총포는 찻잔 모양으로 1개의 암꽃과 몇 개의 수꽃이 있으며, 암술과 수술은 각각 1개이다.

＊효능 전초를 묘안초라 하며, 진해·거담·종기 등의 치료에 사용한다.

＊중독 증상 일부 환자들에게서 오심·구토·졸음 등의 부작용이 보고되었다.

＊해독법 복용을 중지하면 곧 회복되나, 심하면 증세에 따라 대증요법을 실시한다.

속수자

***Euphorbia lathyris* L.**

대극과

남부 지방에서 재배하는 두해살이풀로 1m 정도 곧게 자라며, 가지를 많이 치고 백색 유즙이 있다. 잎은 마주 나고 끝이 뾰족하다. 꽃은 4~7월에 피며 찻잔모양꽃차례에 달리고, 선체는 양끝이 밖으로 튀어나온 초승달 모양이다. 과실은 7~8월에 익으며 돌기가 없다. 종자는 타원형이고 회갈색이며 흩어진 무늬가 있다.

***효능** 종자를 속수자(續隨子)라 하며 간경변성복수·대소변불통·월경불순 등의 치료에 사용한다.

***중독 증상** 과량 복용하면 심한 구토·복통·설사·두통·혈압강하 등의 증상이 나타나며, 심하면 호흡 및 순환부전을 일으킨다.

***해독법** 과망간산칼륨액이나 온수로 위를 세척하고, 황산마그네슘으로 설사를 시켜 독물을 배출시킨다. 포도당과 비타민 C를 정맥 주사 하거나 이뇨제를 주사하여 유독 성분을 배출시킨다. 번조불안시에는 진정제를 투여한다.

검양옻나무

***Rhus succedanea* L.**

옻나무과

제주도 및 남쪽 섬에서 자라는 갈잎떨기나무로 높이 10m 정도이며, 잎은 어긋 나고 9~15개의 쪽잎으로 구성된 홀수깃꼴겹잎이며 가장자리가 밋밋하다. 원추모양꽃차례는 길이 15~30cm로 잎겨드랑이에서 나오며 갈색 털이 밀생한다. 꽃은 암수딴그루로 황록색이며 꽃받침잎, 꽃잎 및 수술이 각각 5개이다. 열매는 지름 7~10mm로 편구형이며 털이 없고, 10월에 황색으로 익는다.

***효능** 수액을 옻〔乾漆〕이라고 하며, 구충 및 월경불순·어혈 등의 치료에 사용한다.

***중독 증상** 피부와 접촉하면 과민성피부염을 일으키며, 충혈·가려움증·물집·화농 등의 증상이 나타난다. 내복하면 메스꺼움·구토·어지럼증·항문 및 회음부의 가려움증 등의 증상이 나타난다.

***해독법** 피부염에는 망초충제를 바르며, 심하면 스테로이드제를 내복하고 스테로이드제 연고를 바른다.

열매

개옻나무

***Rhus trichocarpa* Miq.**

옻나무과

산야에서 자라는 갈잎떨기나무로 높이 7m에 이르며 어린 가지는 붉은빛이 돌고 털이 있다. 잎은 어긋 나며 홀수깃꼴겹잎이고, 쪽잎은 13~17개이며 잎자루가 짧다. 꽃은 뾰족하고 뒷면에 털이 있다. 원추모양꽃차례는 잎겨드랑이에서 나오며 갈색 털이 밀생하고, 꽃은 암수딴그루로 황록색이며 꽃받침잎, 꽃잎 및 수술이 각각 5개이고, 암꽃은 5개의 작은 수술과 3개의 암술머리가 있는 1개의 1실 자방이 있다. 열매는 가시 같은 털이 밀생하고 황갈색으로 익는다.

＊효능 수액을 옻이라고 하며, 구충 및 월경불순・어혈 등의 치료에 사용한다.

＊중독 증상 피부와 접촉하면 과민성피부염을 일으키며, 충혈・가려움증・물집・화농 등의 증상이 나타난다. 내복하면 메스꺼움・구토・어지럼증・항문 및 회음부의 가려움증 등의 증상이 나타난다.

＊해독법 피부염에는 망초충제를 바르며, 심하면 스테로이드제를 내복하고 스테로이드제 연고를 바른다.

옻나무

***Rhus verniciflua* Stokes**

옻나무과

중국 원산의 갈잎큰키나무로 높이가 20m에 이르고, 잎은 어긋 나고 홀수깃꼴겹잎으로 쪽잎은 9~11개이고 끝이 뾰족하다. 원추모양꽃차례는 길이 15~25 cm로 잎겨드랑이에서 나오며 밑으로 처진다. 꽃은 잡성으로 6월에 피며 황록색이고 꽃받침잎과 꽃은 각각 5개이며, 수꽃은 5개의 수술이 있고 암꽃은 5개의 작은 수술과 1개의 암술이 있다. 열매는 둥글고 연한 황색이고 털이 없으며 윤채가 있고 9월에 익는다.

＊효능 수액을 옻이라고 하며, 구충 및 월경불순·어혈 등의 치료에 사용한다.

열매

＊중독 증상 피부와 접촉하면 과민성피부염을 일으키며, 충혈·가려움증·물집·화농 등의 증상이 나타난다. 내복하면 메스꺼움·구토·어지럼증·항문 및 회음부의 가려움증 등의 증상이 나타난다.

＊해독법 피부염에는 망초충제를 바르며, 심하면 스테로이드제를 내복하고 스테로이드제 연고를 바른다.

참빗살나무

***Euonymus sieboldiana* Bl.**

노박덩굴과

산록의 냇가 근처에서 드물게 자라는 갈잎떨기나무로 높이 8m에 이르며, 잎은 마주 나고 긴 타원형으로 끝이 뾰족하고 양면에 고르지 않은 둔한 잔톱니가 있다. 취산꽃차례는 전년의 가지겨드랑이에서 나오고, 꽃은 녹색이다. 열매는 길이와 너비가 각각 8~10mm로 4개의 능선이 있으며 홍색으로 익고 4개로 갈라지며 날개가 없다.

＊효능 뿌리를 사면목(絲棉木)이라 하며 풍습성관절염·요통·혈전폐색성맥관염·옻나무에 의한 접촉성피부염·코피·치질 등의 치료에 사용한다.

＊중독 증상 구체적인 중독 증상은 알려져 있지 않으나 독성이 있다는 기록이 있으므로 복용에 주의한다.

미역줄나무

***Tripterygium regelii* Sprague et Takeda**

노박덩굴과

산지에서 비교적 흔히 자라는 덩굴나무로 잎은 어긋 나며, 꽃은 백색으로 6~7월에 피고 줄기 끝 또는 잎겨드랑이에서 나오는 원추모양꽃차례에 달린다. 꽃받침잎, 꽃잎 및 수술은 각각 5개이며 자방은 3실이고 삼각형이다. 열매는 연한 녹색이지만 흔히 붉은빛이 돌고 9~10월에 익으며 끝이 오목한 3개의 날개가 있다.

＊효능 줄기와 잎을 림프선염·관절염 등에 3~5g씩 달여 먹는다.

＊중독 증상 중독되면 위통·상복부 작열감·오심구토·설사·간종대·황달·호흡곤란·혈압강하 등의 증상이 나타나며, 2~3일 후에는 단백뇨·혈뇨 등 비뇨기 계통에 중독 증상이 나타난다.

＊해독법 최토·위세척·설사유도 등으로 독물 배출을 촉진한다. 5~10%의 포도당 용액에 부신피질 호르몬제 및 비타민 C를 섞어서 정맥 주사 한다. 위세척을 한 다음 dextran 500mg, 20% mannitol 250mg를 정맥 주사 하고, furosemide 40mg을 3~5일간 근육 주사하여 뇨량을 유지시키면서 전해질 균형 및 심장 기능에 주의한다. 심장쇠약시 strophanthin-K와 같이 반감기가 짧은 강심약을 사용한다.

봉선화

Impatiens balsamina **L.**

봉선화과

관상용으로 재배하는 한해살이풀로 높이 60cm에 이르고 털이 없으며 곧추 자라고 밑부분의 마디가 특히 두드러진다. 잎은 어긋 나고 피침형으로 양끝이 좁고 가장자리에 톱니가 있다. 꽃은 7~8월에 갖가지 색으로 피어 2~3개씩 잎겨드랑이에 달린다. 수술은 5개이고 꽃밥이 서로 연결되어 있으며 자방에 털이 있다. 삭과는 타원형이고 털이 있으며, 익으면 탄력적으로 터지면서 황갈색 종자가 튀어나온다.

***효능** 종자를 급성자(急性子)라 하며 월경폐지 · 위암 · 물고기 뼈가 목구멍에 걸려서 넘어가지 않을 때에 사용한다.

***중독 증상** 구체적인 중독 증상은 알려져 있지 않으나 독성이 있다는 기록이 있으므로 복용에 주의한다. 임신부는 유산될 수 있으므로 복용하지 않는 것이 좋다.

***해독법** 초기에 토하게 하고 위를 세척한 다음 설사를 시킨다. 수액을 공급하고 기타 대증요법을 실시한다.

갈매나무

***Rhamnus davurica* Pall.**

갈매나무과

갈잎떨기나무로 높이 5m에 이르고 가지 끝이 가시로 변한다. 잎은 마주 나며 양끝이 뾰족하고 가장자리에 둔한 잔톱니가 있다. 꽃은 암수딴그루로 5~6월에 피고 황록색이며, 가지 밑의 잎겨드랑이에 1~2개씩 달리며 4수이다. 수꽃에는 퇴화된 암술이 있으며 암꽃에는 꽃밥이 없는 수술이 있다. 열매는 둥글고 9~10월에 흑색으로 익으며 1~2개의 종자가 들어 있다. 종자는 뒷면에 홈이 진다.

＊효능 열매를 서리(鼠李)라 하며 수종·복수·창독 등의 치료에 사용한다. 수피를 서리피(鼠李皮), 뿌리를 서리근(鼠李根)이라 하며 류머티즘·피부병·변비 등의 치료에 사용한다.

＊중독 증상 서리근에 약간의 독성이 있다고 하나 구체적인 중독 증상은 알려져 있지 않다.

목 화

***Gossypium indicum* Lam.**

아욱과

섬유 작물로 재배하고 있는 동아시아 원산의 한해살이풀로 잎은 어긋 나며 잎자루가 길고 3~5개로 갈라지며 열편 끝이 뾰족하다. 꽃은 8~9월에 피고 꽃받침잎은 술잔 같으며 녹색의 잔점이 있고 작다. 꽃잎은 5개가 복와상으로 나열되고 연한 황색 바탕에 밑부분이 흑적색이다. 삭과는 포로 싸여 있으며 익으면 3개로 갈라진다.

＊효능 종자를 목면자(木棉子) 또는 면화자(棉花子)라 하며, 뿌리를 면근(棉根)이라 한다. 목면자는 치질·탈항·대하증 등의 치료에 사용하며, 면근은 천식·대하증·자궁탈수 등의 치료에 사용한다.

＊중독 증상 유독 성분은 gossypol로 과량 복용하거나 장기 복용하면 구토·설사·식욕부진·체중감소·헤모글로빈치 저하 등의 증상이 나타난다.

＊해독법 즉시 토하게 하고 위를 세척한 다음 설사를 시킨다. 수액을 공급하고 기타 대증요법을 실시한다.

개다래

***Actinidia polygama* (S. et Z.) Max.**

다래나무과

계곡에서 자라는 덩굴지는 갈잎떨기나무로 길이 5m에 이르고 가지의 골속은 백색이며 차 있다. 잎은 어긋 나고 끝이 뾰족하고 표면 상반부, 때로는 전체가 백색이 되기도 하며, 가장자리에 잔톱니가 있으며 잎자루에 털이 있다. 꽃은 지름 1.5cm 정도로 6월에 피고 백색으로 향기가 있다. 자방에 털이 없고, 열매는 길이 2~3cm로 타원형이고 끝이 뾰족하며 9~10월에 황색으로 익는다.

＊효능 가지와 잎을 목천료(木天蓼)라 하며, 뱃속에 생긴 덩어리·몸이 냉한 증상 등의 치료에 사용하고, 나무에 생긴 벌레집은 목천료자(木天蓼子)라 하며 중풍·구안와사 등의 치료에 사용한다.

＊중독 증상 목천료를 과량 복용하면 타액분비·심박감소·혈압강하 등의 증상이 나타난다.

＊해독법 위세척을 한 다음 농차나 타닌산액·활성탄 등을 내복시키고 필요시엔 포도당염액을 정맥 주사 하는 등 대증요법을 실시한다.

차나무

***Thea sinensis* L.**

차나무과

남부 지방에서 심고 있는 늘푸른떨기나무로 가지가 많이 갈라지고, 잎은 어긋 나고 둔한 톱니가 있으며 표면은 녹색이고 뒷면은 회록색이다. 꽃은 지름 3~5cm로 10~11월에 피고 백색으로 향기가 있다. 꽃받침잎은 5개로 녹색이고 꽃잎은 길이 1~2cm로 6~8개이며 젖혀진다. 수술은 밑부분이 합쳐져서 통같이 되고 수술대는 백색, 꽃밥은 황색이며 자방은 상위이고 백색 털이 밀생한다. 열매는 다음 해 가을에 다갈색으로 익는다.

＊효능 열매를 다실(茶實)이라 하며, 가래·천식 등의 치료에 사용한다.

＊중독 증상 과량 복용하면 독성이 나타난다는 기록이 있으므로 복용량에 주의한다.

＊해독법 위를 세척한 다음 농차나 타닌산액·활성탄 등을 내복시키고, 필요시엔 포도당염액을 정맥 주사 하는 등 대증요법을 실시한다.

서 향

Daphne odora **Thunb.**

팥꽃나무과

남부 지방에서 심고 있는 중국 원산의 늘푸른떨기나무로, 높이 1m에 이르고 원줄기는 곧고 가지가 많으며 튼튼한 갈색 섬유가 있다. 잎은 어긋 나며 끝이 뾰족하고 가장자리가 밋밋하다. 꽃은 암수딴그루로 3~4월에 피며 백색 또는 홍자색이고 향기가 있으며 전년의 가지 끝에 머리 모양으로 모여 달린다. 꽃받침은 길이 1cm 정도로 통 모양이고 끝이 4개로 갈라지며, 수술은 2줄로 배열되고 꽃받침통에 달려 있다.

＊효능 꽃을 단향화(瑞香花)라 하며, 인후동통·치통·류머티즘·유방암 등의 치료에 사용한다.

＊중독 증상 과량 복용하면 어지럼증·위부 불쾌감·입이 쓰고 입맛이 없는 등의 증상이 나타난다.

＊해독법 복용을 중지하면 위와 같은 증상은 자연히 없어지나 과량 복용하지 않도록 주의한다.

팥꽃나무

***Daphne genkwa* S. et Z.**

팥꽃나무과

평남에서 전남에 이르는 바닷가 근처에서 자라는 갈잎떨기나무로 높이 1m에 이르고, 잎은 마주 나거나 간혹 어긋 나고 뒷면 맥 위에 융단 같은 털이 있다. 꽃은 3~5월에 피고 잎보다 먼저 전년에 나온 가지 끝에 3~7개씩 달린다. 꽃잎은 통 모양으로 연한 자홍색이고 열편은 4개이다. 열매는 둥글고 백색이며 투명하고 7월에 익는다.

***효능** 꽃봉오리를 완화(芫花)라 하며 천식·수종·대소변불리 등에 달여서 복용하고, 원형탈모증·옴·피부가려움증 등의 증상에 외용한다.

***중독 증상** 식물 전체가 유독하며, 특히 과실과 수피가 유독하다. 중독되면 메스꺼움·구토·출혈성설사·복통·경련·혼수 등의 증상이 나타난다.

***해독법** 완화는 구강점막 자극 작용이 강하므로 구강을 따뜻한 물로 잘 씻는다. 0.05% 과망간산칼륨액과 깨끗한 물로 반복해서 위를 세척한 후 달걀 흰자 등을 복용하여 위점막을 보호한다. 구토나 설사로 인하여 탈수되거나 전해질 평형이 깨진 경우는 수분 및 전해질을 보충해 준다.

산닥나무

Wikstroemia trichotoma **Makino**

팥꽃나무과

강화도·진도·남해도 및 진해에서 자라는 갈잎떨기나무로 높이 1m에 이르며 어린 가지는 털이 없고 적갈색이다. 잎은 마주 나며 달걀 모양 또는 긴 달걀 모양이며 끝이 뾰족하다. 꽃은 양성화로 7~8월에 피고 황색이며, 7~15개의 꽃이 어린 가지 끝의 총상꽃차례에 달린다. 열매는 길이 5~6 mm로 달걀 모양의 긴 타원형이며 양끝이 좁고 털이 없으며 짧은 대가 있고 9~10월에 익는다.

＊효능 뿌리를 경부림프선염·편도선염·림프선염·관절통 등의 치료에 사용한다.

＊중독 증상 과량 복용하면 위장이나 식도를 자극하여 격렬한 구토·메스꺼움·설사 등의 증상을 일으킨다.

＊해독법 위를 세척하고 농차·활성탄 또는 타닌산 알부민 등을 복용한다. 식염수를 복용하거나, 5% 포도당염액을 정맥 주사 하여 독물의 배출을 촉진하고 전해질을 보충한다. 밀가루로 쑨 풀을 조금씩 복용하여 위점막을 보호한다.

서흥닥나무(피뿌리풀)

***Stellera chamaejasme* L.**

팥꽃나무과

한라산 산록 및 황해도 이북의 풀밭에서 자라는 여러해살이풀로 높이 30~40cm이고 뿌리는 굵으며 선단에서 몇 개의 줄기가 나온다. 잎은 어긋 나고 표면은 녹색, 뒷면은 회청색으로 가장자리가 밋밋하다. 꽃은 원줄기 끝에 15~22개가 모여 달리고, 꽃받침은 분홍색이며 윗부분이 넓어지면서 5개로 갈라진다. 수술은 10개이고 2줄로 배열된다.

＊효능 뿌리를 단향낭독(端香狼毒)이라 하며, 부종·복통·경부림프선염·장내 기생충병 등의 치료에 사용한다.

＊중독 증상 과량 복용하면 심한 설사 및 탈수 증상이 나타난다. 허약자, 위궤양 환자 및 임신부는 복용을 금한다.

＊해독법 위를 세척하고 농차·활성탄 또는 타닌산 알부민 등을 복용한다. 물에 소금과 설탕을 타서 마시거나 5% 포도당염액을 정맥 주사 하여 탈수를 예방한다. 밀가루로 쑨 풀을 조금씩 복용하여 위점막을 보호한다.

석 류

***Punica granatum* L.**

석류과

남부 지방에서 심고 있는 갈잎떨기나무로 잎은 마주 나고, 꽃은 5~6월에 피고 홍색이며, 꽃받침은 통 모양이다. 열매는 지름 6~8cm로 둥글고 끝에 꽃받침 열편이 있으며 9~10월에 황색 또는 황홍색으로 익는다.

***효능** 과피는 한방에서 석류피(石榴皮)라 하며 설사·혈변·탈홍·장내 기생충병 등의 치료에 사용한다. 3~5g을 달여 복용하며, 피부가려움증에는 달인 물로 씻는다.

***중독 증상** 과량 복용하면 어지러움·시야몽롱·동공산대·두통·구토·설사·근무력·사지경련 등의 증상이 나타나며 결국에는 호흡마비로 사망한다.

***해독법** 0.025% 과망간산칼륨액으로 위를 세척한다. 황산마그네슘 20~25g을 복용시켜 설사를 시킨 후 해독제를 복용시킨다. 피마자유를 복용하여 설사하는 것은 유독 성분의 흡수를 촉진시킬 수 있으므로 피해야 한다. 호흡이 곤란한 경우에는 nikethamide 또는 lobeline 등을 복용시키고, 사지경련을 일으킨 경우에는 barbiturate를 복용시킨다.

박쥐나무

***Alangium platanifolium* var. *macrophyllum* (S. et Z.) Wanger.**

박쥐나무과

전국의 숲 속에서 자라는 갈잎떨기나무로 잎은 어긋 나고 사각상 원형이며 끝이 3~5개로 얕게 갈라진다. 꽃은 양성화로 5~7월에 피고, 잎겨드랑이에서 나오는 취산꽃차례에 1~4개가 달리며, 꽃잎은 선형이고 8개이다. 수술은 12개, 암술은 1개이고 암술대는 꽃잎과 길이가 같다. 핵과는 길이 6~8mm로 달걀 모양의 원형이고 9월에 짙은 벽색(碧色)으로 익는다.

＊효능 뿌리를 팔각풍근(八角楓根)이라 하며 류머티즘성동통・반신불수・신경쇠약 등의 치료에 사용한다. 3~6g을 달여서 복용한다.

＊중독 증상 중독되면 안면창백・어지럼증・혈압 급상승・부정맥・방실전도실조・호흡억제・사지마비 등의 증상이 나타나며 결국에는 사망한다.

＊해독법 뿌리의 독성은 anabasine에 의한 것으로 일반 근육을 이완시키고 호흡근을 마비시킨다. 그러므로 위급할 때에는 호흡근 마비에 대하여 침을 놓고 인공 호흡을 시행하며, 기타 일반 구급법 및 대증요법을 실시한다.

지리강활

***Angelica purpuraefolia* Chung**

산형과

지리산에서 자라는 여러해살이풀로 뿌리는 비대하고 백색 유즙을 함유하며 악취가 있다. 줄기는 높이 1m 정도이며 직립하고 잎은 3~4회 3출한다. 엽초는 광대하고 줄기를 감싸며, 꽃은 7월에 피며 백색으로 겹우산모양꽃차례에 달리고 소총포와 총포는 없다. 과실은 타원형으로 날개가 있다. 바디나물에 비해 엽축의 분지점이 자줏빛을 띠고 뿌리의 냄새가 강한 것이 다르다.

***효능** 강활 또는 당귀의 대용으로 사용하는 경우가 있으나 이는 잘못이다.

***중독 증상** 뿌리를 당귀로 오인하여 중독되는 경우가 종종 있으므로 산에서 함부로 식물을 먹지 않도록 주의한다. 중독되면 구토·복통·전신마비 등의 증상이 나타나며 심하면 사망한다.

***해독법** 즉시 토하도록 하고, 깨끗한 물이나 음료수를 먹여 독물을 희석시키고 배설을 촉진한다. 미음이나 달걀 흰자 등을 먹여 위점막을 보호한 후 병원에서 치료한다.

독미나리

***Cicuta virosa* L.**

산형과

대관령 이북의 습지에서 자라는 여러해살이풀로 높이 1m에 이르고 전체에 털이 없다. 뿌리잎과 줄기 밑부분의 잎은 잎자루가 길고 가장자리에 뾰족한 톱니가 있으며, 위로 올라가면서 잎이 작아지고 잎자루가 없어진다. 총포편은 없고 가는 소총포편이 있다. 꽃은 백색으로 6~8월에 피며, 열매는 녹색이고 굵은 능선이 있으며 능선 사이에 1개의 유관이 있다.

＊효능 전초를 독근(毒芹)이라 하며, 화농성골수염·통풍·신경통 등의 치료에 사용한다.

＊중독 증상 미나리로 오인하여 복용하고 중독되는 경우가 있다. 중독되면 복용한 지 수분 내에 입술에 수포나 혈포가 발생하며, 중추신경계에 작용하여 심한 경련·구토·피부발적·안면창백 등의 증상을 일으키고 결국에는 호흡마비로 사망한다.

＊해독법 위세척·인공 호흡·산소 호흡·barbiturate 정맥 주사 등을 실시하고, 사지가 마비된 경우에는 neostigmine을 1~2mg 피하 주사 하며, 감초 및 녹두 분말을 물로 달여 1일 3회 복용시킨다.

만병초

***Rhododendron brachycarpum* D. Don**

진달래과

지리산·울릉도 및 북부 지방에서 자라는 늘푸른떨기나무로, 잎은 어긋 나지만 가지 끝에서는 5~7개가 함께 모여 나고 타원형으로 광택이 있다. 꽃은 7월에 피며 깔때기 모양이고 백색 또는 연한 황색이며 안쪽 윗면에 녹색 반점이 있다. 수술은 10개로 길이가 서로 다르고, 자방에 갈색 털이 밀생하며 암술대에는 털이 없다. 삭과는 9월에 익는다.

＊효능 잎을 석남엽(石南葉)이라 하며 요배산통(腰背疝痛)·두통·관절통·신허요통(腎虛腰痛)·음위·월경불순·불임증 등의 치료에 사용한다. 6~10g을 달여서 복용하거나 환제나 산제로 복용한다.

＊중독 증상 과량 복용하면 메스꺼움·구토·타액분비과다·호흡곤란·부정맥 등의 증상이 나타난다.

＊해독법 초기에 0.02% 과망간산칼륨액으로 위를 세척하고 최토시킨 후 수액을 주사하여 독물 배설을 촉진시킨다. 기타 대증요법을 실시한다.

월 귤

***Vaccinium vitis-idaea* L.**

진달래과

설악산 이북, 특히 백두산에서 많이 자라는 늘푸른떨기나무로 높이 15~30cm이다. 잎은 길이 1~3cm, 너비 5~13mm로 어긋 나고 달걀 모양이며 잎 표면은 짙은 녹색이고 윤채가 있다. 꽃은 5~6월에 피며 가지 윗부분의 잎겨드랑이에서 나오는 총상꽃차례에 달린다. 꽃잎은 연한 홍색으로 길이 6~7m이고 종 모양이며 밑으로 처지고 끝이 4개로 갈라진다. 수술은 10개이며 수술대에 털이 있다. 열매는 8~9월에 적색으로 익으며 신맛이 있다.

＊효능 잎을 월귤엽(越橘葉)이라 하며 요도염·방광염·류머티즘에 1~6g을 달여서 복용한다. 열매는 월귤과(越橘果)라 하며 전염성 설사의 치료에 3~10g을 달여서 복용한다.

＊중독 증상 구체적인 중독 증상은 알려져 있지 않으나, 독성이 있다는 기록이 있으므로 과량 복용은 피한다.

열매

노린재나무

***Symplocos chinensis* for. *pilosa* (Nakai) Ohwi**

노린재나무과

전국의 산야에서 자라는 갈잎떨기나무로 가지가 퍼지고 어린가지에 털이 있다. 잎은 길이 3~7cm로 타원형이고 어긋 나며, 잎 표면은 짙은 녹색이고 가장자리에 톱니가 있으나 뚜렷하지 않다. 꽃은 지름 8~10mm로 5월에 피며 백색이고, 가지 끝의 원추모양꽃차례에 달리며, 꽃자루에는 털이 있고, 꽃잎은 긴 타원형이며 옆으로 퍼진다. 열매는 길이 8mm로 타원형이고 9월에 벽색으로 익는다.

＊효능 줄기와 잎을 화산풍(華山楓)이라 하며 이질·설사·창상출혈 등의 치료에 사용한다. 20~35g을 달여서 복용한다.

＊중독 증상 과량 복용하면 메스꺼움·구토 등의 증상이 나타난다.

＊해독법 생강 또는 제반하(制半夏)의 달인 물을 복용시키거나, 황련 또는 소엽(蘇葉) 달인 물을 복용시킨다. 포도당 또는 포도당염액을 정맥 주사 하고 독물 배설을 촉진시킨다.

검노린재
***Symplocos paniculata* Miq.**

노린재나무과

남부 지방에서 자라는 갈잎떨기나무로 이년지(二年枝)는 회갈색이며 피목이 뚜렷하다. 잎은 길이 3~6cm로 타원형이며 어긋 나고, 잎 표면은 녹색이며 잎맥에 잔털이 있고 뒷면은 회녹색이며 가장자리의 톱니가 뾰족하다. 꽃은 5월에 피고 가지 끝의 원추모양꽃차례에 달리며, 꽃받침잎은 달걀 모양으로 녹색 털이 있고, 꽃잎은 깊게 갈라지며 녹색이 돈다. 열매는 지름 5~6mm로 둥글고 9월에 흑색으로 익는다.

＊효능 뿌리를 백단근(白檀根)이라 하며 체내의 종류(腫瘤)를 치료하는 데 사용한다.

＊중독 증상 과량 복용하면 메스꺼움·구토 등의 증상이 나타난다.

＊해독법 생강 또는 제반하의 달인 물을 복용시키거나 황련 또는 소엽 달인 물을 복용시킨다. 포도당 또는 포도당 염액을 정맥 주사 하여 전해질 평형을 유지하고 독물 배설을 촉진시킨다.

섬노린재

Symplocos coreana **(Lév.) Ohwi**

노린재나무과

제주도에서 자라는 갈잎떨기나무로 높이 3~4m이고 가지는 회갈색이며 어린 가지는 털이 없다. 잎은 어긋 나고 끝이 꼬리처럼 길고 뾰족하며, 잎 표면은 녹색이고 가장자리에 길고 뾰족한 톱니가 있다. 꽃은 5~6월에 피고 백색이며 가지 끝의 원추모양꽃차례에 달린다. 꽃잎은 5개로 갈라지고 마르면 연한 황색으로 변한다. 열매는 길이 6~7mm로 알 모양이며 9월에 벽흑색으로 익는다.

***효능** 줄기와 잎을 화산풍이라 하며 이질·설사·창상출혈 등의 치료에 사용한다. 20~35g을 달여서 복용한다.

***중독 증상** 과량 복용하면 메스꺼움·구토 등의 증상이 나타난다.

***해독법** 생강 또는 제반하의 달인 물을 복용시키거나, 황련 또는 소엽 달인 물을 복용시킨다. 포도당 또는 포도당염액을 정맥 주사 하여 전해질 평형을 유지하고 독물 배설을 촉진시킨다.

때죽나무

***Styrax japonica* S. et Z.**

때죽나무과

중부 이남에서 자라는 갈잎큰키나무로 높이 10m에 이른다. 잎은 타원형으로 어긋 나며 가장자리에 톱니가 약간 있다. 꽃은 5~6월에 피며 백색이고 잎겨드랑이의 총상꽃차례에 달리며 2~5개의 꽃이 달린다. 꽃잎은 타원형이며 양면에 잔털이 있다. 수술은 10개이고, 열매는 길이 1.2~1.4cm로 알 모양의 구형이며 9월에 익고 껍질이 불규칙하게 갈라진다.

***효능** 종자는 민간에서 거담제로 사용하며, 과실은 고기를 잡는 데 사용한다.

열매

***중독 증상** 구체적인 중독 증상은 알려져 있지 않으나, 과피에 함유되어 있는 사포닌은 원형질독으로 용혈 작용, 적혈구 파괴 작용 등이 있으므로 주의해야 한다.

***해독법** 즉시 토하게 하고 위를 세척한 다음 농차나 타닌산 알부민 등을 복용시킨다.

협죽도
***Nerium indicum* Mill.**

협죽도과

인도 원산의 늘푸른떨기나무로 높이 3m에 이른다. 잎은 돌려 나고 선형이며 두껍고 가장자리가 밋밋하다. 꽃은 7~8월에 피고 적색으로 가지 끝의 취산 꽃차례에 달린다. 꽃받침은 5개로 깊게 갈라지며, 꽃잎은 윗부분이 5개로 갈라져서 수평으로 퍼지고 뒷부분에 실 같은 부속체가 있다.

＊효능 잎을 협죽도엽이라 하며 심장쇠약・전간・해수천식・질타손상 등의 치료에 사용한다.

＊중독 증상 독성이 강하여 신선한 잎 10여 편의 달인 물을 복용하면 중독이 된다. 중독되면 두통・어지럼증・구토・복통・설사・사지마비・호흡촉박・체온 및 혈압강하・부정맥・동공산대・혼수・경련 등의 증상이 나타나며 결국에는 심장마비로 사망한다.

＊해독법 식후 6시간 내에는 0.5% 타닌산액이나 0.05% 과망간산칼륨액 등으로 위를 세척하고 설사를 시킨다. 영화칼륨을 경구 투여하거나 정맥 주사 한다. 포도당염액을 정맥 주사 하여 독물 배설을 촉진시킨다. 호흡이 어려운 경우에는 산소 호흡을 시키고, 달걀 흰자나 비타민 C를 내복하여 위점막을 보호한다.

왜박주가리
Tylophora floribunda Miq.

박주가리과

중부 지방의 산지에서 자라는 덩굴지는 여러해살이풀로, 뿌리줄기는 짧고 뿌리는 수평으로 퍼진다. 잎은 마주 나고 긴 삼각형으로 끝이 뾰족해진다. 꽃은 6~7월에 피고 흑자색이며 잎겨드랑이에서 나오는 꽃차례는 가지가 갈라져 잎보다 길다. 꽃받침 및 꽃잎은 윗부분이 5개로 갈라지고, 골돌은 길이 4~5cm로 수평으로 퍼지며 털이 없다.

***효능** 뿌리와 식물 전체를 소아의 경풍·천식·인후동통·학질·간경화성복수·관절통·질타손상 등의 치료에 사용한다.

***중독 증상** 독성이 약간 있다고 기록되어 있으므로 복용량을 준수하고, 특히 임신부나 허약자는 복용에 주의해야 한다.

***해독법** 즉시 토하게 하고 위를 세척한 후 설사를 시킨다. 수액을 공급하여 주고 기타 대증요법을 실시한다.

둥근잎나팔꽃

나팔꽃

***Pharbitis nil* Chois.**

메꽃과

아시아 원산의 한해살이풀로 관상용으로 흔히 심으며, 원줄기는 덩굴성으로 왼쪽으로 감아 올라가면서 길이 3m 정도 자란다. 잎은 심장형이고 어긋 나며 보통 3개로 갈라진다. 꽃은 7~8월에 피며 홍자색, 백색, 적색 등 여러 가지가 있다. 꽃받침은 5개로 깊게 갈라지고, 열편은 길게 뾰족해지고 뒷면에 긴 털이 있으며, 화관은 깔때기 모양이다.

＊효능 종자를 견우자(牽牛子)라고 하며 변비 · 복수 · 식체 등의 치료에 사용한다.

＊중독 증상 과량 복용하면 복통 · 설사 · 탈수 · 전해질평형이상 · 혈뇨 · 언어장애 등의 증상이 나타나며 결국에는 사망한다. 둥근잎나팔꽃의 종자도 같은 용도로 사용한다.

＊해독법 atropine을 1회 0.5mg 근육주사 하고 필요시 복방장뇌정 2mL를 매일 3~4회 내복시켜 진통, 지사시킨다. 정맥으로 수액을 공급하여 전해질평형을 바로잡는다.

꽃바지

Bothriospermum tenellum **Fisch. et Meyer**

지치과

전국적으로 자라는 두해살이풀로 높이 5~30cm이고 줄기는 함께 모여 나며 밑부분이 땅에 닿는다. 뿌리잎은 주걱 모양으로 함께 모여 나며, 줄기잎은 타원형으로 어긋 난다. 꽃은 지름 2~3mm로 4~9월에 피며 연한 하늘색이고, 총상 꽃차례는 길며 끝이 말리지 않는다. 꽃받침은 5개로 갈라지며, 열편은 피침형으로 열매가 익을 때에는 다소 커진다. 수술은 5개가 통부에 붙어 있으며, 분과는 길이 1~5mm이고 타원형이다.

***효능** 지상부를 귀점정(鬼点汀)이라 하며 기침·가래·토혈 등의 치료에 사용한다. 10~15g을 달여서 복용한다.

***중독 증상** 독성이 약간 있다고 기록되어 있으므로 과량 복용하지 않도록 주의한다.

누리장나무

***Clerodendron trichotomum* Thunb.**

마편초과

중부 이남의 산록이나 계곡에서 자라는 갈잎떨기나무로 높이 2m에 이른다. 잎은 넓은 달걀 모양으로 마주 난다. 꽃은 8~9월에 피고, 꽃받침은 홍색이 돌고 5개로 깊게 갈라지며, 열편은 긴 타원형이고 백색이다. 열매는 지름 6~8mm로 둥글며 10월에 청자색으로 익고 적색의 꽃받침으로 싸여 있다가 나출(裸出)된다.

＊효능 줄기와 잎은 취오동(臭梧桐)이라 하여 관절염·고혈압·류머티즘 등에, 꽃은 취오동화(臭梧桐花)라 하여 두통·하복통·이질 등에, 과실은 취오동자(臭梧桐子)라 하며 관절염·기침 등에, 뿌리는 취오동근(臭梧桐根)이라 하며 류머티즘·고혈압·식체 등의 치료에 각각 사용한다.

＊중독 증상 독성은 심하지 않으나 과량 복용하면 구토 또는 약간의 신장 장애를 일으킬 수 있으므로 과량 또는 장기 복용은 삼가도록 한다.

속 단

Phlomis umbrosa Turcz.

꿀풀과

산 속에서 자라는 여러해살이풀로 높이 1m에 이르고 전체에 잔털이 있으며 뿌리에 비대한 덩이뿌리가 5개 정도 달린다. 잎은 마주 나고 심장 모양이며 끝이 뾰족하고, 꽃은 7월에 피며 붉은빛이 돌고 꽃차례는 원줄기 윗부분에서 마주 나 전체가 큰 원추모양꽃차례로 되며 각각의 작은 꽃차례는 잎겨드랑이에서 마주 나 각각 4~5개의 꽃이 달린다. 꽃받침은 통 모양이며, 열편은 털 같은 돌기로 되고, 화관은 길이 1.8cm 정도로 입술 모양이며 겉에 털이 있다. 소포는 길이 7~10mm로 선형이며 짧은 털이 있고 열매가 꽃받침으로 싸여 익는다.

***효능** 어린 순을 나물로 하고, 뿌리는 질타손상·골절·염좌(捻挫) 및 부인병 등의 치료에 사용한다.

***중독 증상** 독성이 약간 있다고 기록되어 있으므로 복용량을 준수하고, 임신부는 복용을 금한다.

뿌리

미치광이풀

***Scopolia japonica* Max.**

가지과

숲 속에서 자라는 여러해살이풀로 높이 30~60cm이고 덩이뿌리는 옆으로 자라고 굵다. 잎은 타원형으로 어긋 나며 잎자루가 있고 가장자리가 밋밋하다. 꽃은 4~5월에 잎겨드랑이에 1개씩 달려서 밑으로 처진다. 화관은 길이 2cm 정도로 자줏빛이 도는 황색이며 종 모양이다. 삭과는 원형이고 꽃받침 속에 들어 있으며, 종자는 콩팥 모양이고 그물 모양의 무늬가 있다.

***효능** 뿌리줄기는 각종 동통·외상출혈 등의 치료에 사용하고, 옴으로 인한 가려움증에 외용한다. 황산아트로핀의 제조 원료로도 사용한다.

***중독 증상** 중독되면 구갈·연하곤란(嚥下困難)·피부점막건조·두통·어지럼증·심박빈삭(心搏頻數)·동공산대·배뇨곤란·정신혼미·혈압강하 등의 증상이 나타나고 결국에는 사망한다.

***해독법** 0.02% 과망간산칼륨 용액이나 2~4% 타닌산액 또는 농차로 위를 세척한 후 황산마그네슘 30g으로 설사를 시킨다. 요(尿)가 저류될 경우에는 카테터 등을 이용하여 요를 배출시켜 방광에서 atropine 등의 알칼로이드가 흡수되는 것을 방지한다. 길항약으로 pilocarpine 5~10mg, 또는 neostigmine 0.5~1mg을 15~20분 간격으로 피하 주사하고 구갈이 없어지면 중지한다. 기타 대증요법을 실시한다.

까마중

***Solanum nigrum* L.**

가지과

집 주위나 들에서 흔히 자라는 한해살이풀로 높이 20~90cm이고, 잎은 어긋나며 가장자리가 밋밋하거나 물결 모양의 톱니가 있다. 꽃은 5~7월에 피며 백색이다. 꽃받침은 5개로 갈라지며, 화관도 5개로 갈라지고 옆으로 퍼지며, 1개의 암술과 5개의 수술이 있다. 장과는 지름 6~7mm이며 둥글고 흑색으로 완전히 익으면 단맛이 있다.

***효능** 지상부는 용규(龍葵)라 하며 피부화농증·질타손상·급성신염·급성기관지염·피부소양증 등의 치료에 사용하며, 최근에는 고혈압·요도염·자궁미란 등의 치료에도 응용한다.

***중독 증상** 유독 성분 중 solanine은 위점막에 강한 자극을 주며 중추신경계를 마취시키거나 적혈구를 용해시킨다. 중독되면 인후부의 소양감 및 작열감·상복부동통·구토·설사·탈수·산염기평형실조·혈압강하·번조불안·헛소리·의식상실·호흡, 순환 기능의 쇠약 등의 증상이 나타난다.

***해독법** 최토시킨 후 1% 타닌산액이나 2% 소다수를 복용시킨다. 또는 식초와 위를 보호할 수 있는 액체를 같이 복용시키거나, 농차로 위를 세척하거나, 황산마그네슘 등으로 설사를 시키는 등의 대증요법을 실시한다.

사리풀

***Hyoscyamus niger* L.**

가지과

유럽 원산의 한해살이풀로 약용으로 재배하고, 전체에 털과 선모(腺毛)가 있어 점성이 있다. 뿌리잎은 잎자루가 있으나 줄기잎은 잎자루가 없고 원줄기를 약간 감싸며 가장자리에 결각상 또는 물결 모양의 톱니가 있다. 꽃은 황색으로 6~7월에 원줄기 끝에 달리고, 꽃받침은 통 모양이며 5개로 얕게 갈라지고 꽃이 핀 후 약간 길게 자란다. 화관은 깔때기 모양으로서 5개로 갈라진다. 수술은 화관통 중앙에 달린다.

＊효능 전초를 치통・편두통・해소・천식 등의 치료에 사용한다.

＊중독 증상 중독되면 구갈・연하곤란・피부점막건조・두통・어지럼증・심박빈삭・동공산대・배뇨곤란・정신혼미・혈압강하 등의 증상이 나타나고 결국에는 사망한다.

＊해독법 0.02% 과망간산칼륨 용액이나 2~4% 타닌산액 또는 농차로 위를 세척한 후 황산마그네슘 30g으로 설사를 시킨다. 요(尿)가 저류될 경우에는 카테터 등을 이용하여 요를 배출시켜 방광에서 atropine 등의 알칼로이드가 흡수되는 것을 방지한다. 길항약으로 pilocarpine 5~10mg, 또는 neostigmine 0.5~1mg을 15~20분 간격으로 피하 주사하고 구갈이 없어지면 중지한다. 기타 대증요법을 실시한다.

디기탈리스

***Digitalis purpurea* L.**

현삼과

유럽 원산의 여러해살이풀로 약용 또는 관상용으로 재배하고 있으며 높이 1m에 이르고 곧추 자라며 전체에 짧은 털이 있다. 잎은 달걀 모양의 타원형이며 어긋 나고, 꽃은 7~8월에 피고 원줄기 끝에서 이삭 모양으로 발달하며 밑부분에서부터 피어 올라간다. 화관은 홍자색이고 짙은 반점이 있으며 종 모양이지만 가장자리가 다소 입술 모양으로 된다. 4개의 수술 중 2개가 길고 삭과는 원추형이며 꽃받침이 남아 있다.

***효능** 잎은 강심 및 이뇨제로 사용한다.

***중독 증상** 이 생약은 〈대한약전〉에 극약으로 규정되어 있을 정도로 독성이 강하다. 과량 복용하면 메스꺼움·구토·부정맥·서맥·심실조기수축·시야몽롱·방향감상실 등의 증상이 나타난다.

***해독법** 식후 6시간 내에는 0.5% 타닌산액이나 0.05% 과망간산칼륨액 등으로 위를 세척하고 복용 시간이 오래된 경우는 설사를 유도한다. 염화칼륨을 경구 투여하거나 정맥 주사 하여 심실성부정맥을 중단시키는 것을 돕는다. 부정맥이 심할 경우 phenytoin, lidocaine 등의 부정맥 치료제를 사용한다.

숫잔대
Lobelia sessilifolia Lamb.

숫잔대과

습지에서 자라는 여러해살이풀로 높이 50~100cm이고, 잎은 피침형이며 어긋나고 잎자루가 없다. 꽃은 벽자색으로 7~8월에 피며 원줄기 끝의 총상꽃차례에 달린다. 삭과는 길이 8~10mm이며, 종자는 길이 1.5mm 정도로 편평한 달걀 모양이고 윤채가 있다.

＊효능 지상부를 산경채(山梗菜)라 하며 기관지염에 뿌리 8~12g을 달여서 복용하고, 피부화농증·벌레 물린 상처 등에는 지상부를 짓찧어 바른다.

＊중독 증상 함유 성분 중 lobeline은 호흡쇠약의 치료에 사용되나, 과량 투여하면 호흡중추를 직접 자극하며, 메스꺼움·늦침흘림·구토·복부경련 및 설사 등의 증상이 나타난다.

＊해독법 1~2% 타닌산액 또는 1~3% 과산화수소 용액으로 위를 세척한 후 25~30g의 황산마그네슘을 복용시켜 설사를 시킨다. 0.5~1mg atropine을 피하주사 한다.

담 배
***Nicotiana tabacum* L.**

가지과

남아메리카 열대 원산의 여러해살이풀로 재배용 식물이다. 높이 1.5~2m이고 잎과 더불어 선모가 밀생하며 끈적끈적하다. 잎은 길이 5cm로 타원형이고 어긋 난다. 꽃은 7~8월에 피고 화관은 윗부분이 5개로 갈라진다. 삭과는 달걀 모양으로 꽃받침으로 싸여 있으며 많은 종자가 들어 있다.

***효능** 옴 등의 기생충성 피부병에 외용한다.

***중독 증상** 급성 중독 증상으로 구강·식도 및 위의 작열감·메스꺼움·늦침흘림·구토·복부경련·근육쇠약·서맥·부정맥·경련·호흡촉박·안구돌출 등이 나타난다. 만성 중독 증상으로 위염·소화관궤양·신경과민·기억력쇠퇴·심동계 등이 나타나며 폐·기관지·인후부 등에 암을 유발한다.

***해독법** 1~2% 타닌산액 또는 1~3% 과산화수소 용액으로 위를 세척한 후 25~30g의 황산마그네슘을 복용시켜 설사를 시킨다. 피부에 접촉되었을 때에는 피부를 세척한다. 0.5~1mg의 atropine을 피하 주사 한다. 필요시 1~2회 반복 주사 하여 심박동이 정상화되도록 한다.

냉 초

***Veronicastrum sibiricum* (L.) Pennell**

현삼과

산지의 약간 습기가 있는 곳에서 자라는 여러해살이풀로 높이 50~90cm이고 줄기는 모여 난다. 잎은 3~8개씩 여러 층으로 돌려 나며 잎자루가 없고 긴 타원형 또는 타원형이며 끝이 뾰족하다. 꽃은 7~8월에 피며 원줄기 끝의 총상꽃차례에 달린다. 화관은 길이 7~8mm로 통 모양이며 홍자색이고 끝이 얕게 4개로 갈라진다. 수술은 2개로 길게 밖으로 나오고, 암술대는 수술대와 길이가 거의 같고 밖으로 길게 나오며 백색이고 털이 없다. 삭과는 끝이 뾰족한 넓은 달걀 모양이며 밑부분에 꽃받침이 달려 있다.

＊효능 요통·근육통·감기 등에 4~8g씩 달여서 복용하고, 외상출혈 등에 짓찧어 바른다.

＊중독 증상 독성이 약간 있다고 기록되어 있으므로 복용량을 준수하고, 임신부는 복용을 금한다.

담배풀
***Carpesium abrotanoides* L.**

국화과

숲 가장자리에서 자라는 두해살이풀로 높이 50~100cm이고, 뿌리는 방추형이며 뿌리잎은 꽃이 필 때 없어진다. 잎은 어긋 나며 넓은 타원형 또는 긴 타원형이고 위로 올라가면서 작아지고 잎자루가 없어진다. 두상화는 황색으로 공 모양이며 8~9월에 잎겨드랑이에 달리며 꽃자루 및 포가 없다. 수과는 길이 3.5 mm로 선점과 길이 0.7mm 정도의 부리가 있다.

＊효능 잎을 찧어 종기 및 타박상에 사용하고, 줄기와 잎은 구충제로 사용한다. 최근 급성 황달형간염 및 유선염에 사용하여 좋은 효과를 얻고 있다.

뿌리

＊중독 증상 구체적인 중독 증상은 알려져 있지 않으나 주성분인 carpesia-lactone은 중추신경에 대한 억제 작용이 있어 사지근육을 이완시켜 마취 상태에 이르게 하며, 해열 및 체온 강하 작용도 있으므로 과량 복용하지 않도록 주의해야 한다.

＊해독법 최토시킨 후 1% 타닌산액이나 2% 소다수를 복용시킨다.

여우오줌

Carpesium macrocephalum Fr. et Sav.

국화과

중부 이북에서 자라는 여러해살이풀로 높이 1m에 이르고 가지가 굵다. 밑부분의 잎은 달걀 모양으로 잎자루가 길며 끝이 뾰족하고 밑부분이 좁아져서 날개로 되며 위로 올라갈수록 작아진다. 꽃은 8~9월에 피며 황색이다.

***효능** 잎을 찧어 종기 및 타박상에 외용하고, 줄기와 잎은 구충제로 사용한다. 최근 급성황달형간염 및 유선염에 사용하여 좋은 효과가 있다.

***중독 증상** 구체적인 중독 증상은 알려져 있지 않으나 주성분인 carpesi-alactone은 중추신경에 대한 억제 작용이 있어 사지근육을 이완시켜 마취 상태에 이르게 하며, 해열 및 체온 강하 작용도 있으므로 과량 복용하지 않도록 주의해야 한다.

***해독법** 1% 타닌산액이나 2% 소다수를 복용시킨다. 또는 위를 보호할 수 있는 액체를 같이 복용시키거나, 농차로 위를 세척한 다음 황산마그네슘 등으로 설사를 시킨다.

뿌리

긴담배풀

Carpesium divaricatum **S. et Z.**

국화과

산야에 흔히 자라는 여러해살이풀로 높이 25~150cm이고 뿌리줄기는 짧으며 전체에 가는 털이 밀생한다. 잎은 어긋나고 밑부분의 잎은 잎자루가 길며 달걀모양 또는 긴 타원형이고 윗부분의 잎은 작으며 양끝이 좁고 잎자루가 없다. 꽃은 8~10월에 피며 꽃자루가 길어 담뱃대처럼 되고, 가지 끝과 원줄기 끝의 총상꽃차례에 달린다. 수과는 길이 3.5mm로 원기둥 모양이고 많는 줄이 있으며 선점과 부리가 있다.

＊효능 잎을 찧어 종기 및 타박상에 외용하고, 줄기와 잎은 구충제로 사용한다. 최근 급성 황달형간염 및 유선염에 사용하여 좋은 효과를 얻고 있다.

＊중독 증상 구체적인 중독 증상은 알려져 있지 않으나 주성분인 carpesia-lactone은 중추신경에 대한 억제 작용이 있어 사지근육을 이완시켜 마취 상태에 이르게 하며, 해열 및 체온강하 작용도 있으므로 과량 복용하지 않도록 주의해야 한다.

＊해독법 1% 타닌산액이나 2% 소다수를 복용시킨다. 혹은 위를 보호할 수 있는 액체를 같이 복용시키거나, 농차로 위를 세척한 후 황산마그네슘 등으로 설사를 시키는 등의 대증요법을 실시한다.

열매

도꼬마리

***Xanthium strumarium* L.**

국화과

길가에서 흔히 자라는 한해살이풀로 높이 1m에 달하고 잎과 더불어 큰 털이 있다. 잎은 어긋 나며 잎자루가 길고 가장자리에 결각상의 톱니가 있다. 꽃은 8~9월에 피고 황색으로 가지 끝과 원줄기 끝의 원추모양꽃차례에 달리며 암꽃과 수꽃이 있다. 총포는 길이 1cm 정도로 갈고리 같은 돌기가 있고 타원형이며, 그 속에 2개의 수과가 들어 있다.

＊효능 열매를 창이자(蒼耳子)라고 하며, 치통·두통·비염·피부알레르기 등의 치료에 사용한다.

＊중독 증상 어린 싹이나 창이자를 과량 복용하면 허약감·두통·어지럼증·식욕부진·구토·복통·설사·결막충혈·두드러기·번조불안·혼수·경련·부정맥·황달·간종대·출혈·요폐 등의 증상이 나타난다.

＊해독법 복용 후 2시간 이내에 최토시킨 후 0.02% 과망간산칼륨액으로 위를 세척하고 황산마그네슘을 복용시켜 설사를 시킨다. 과량 복용하였거나 복용 후 4시간을 넘긴 경우에는 1~2%의 따뜻한 식염수로 관장을 시킨다. 또는 5% 포도당염액과 비타민 C를 정맥 주사 하여 독물의 배설을 촉진한다. 감초 30g, 녹두 120g을 달여서 냉복시킨다.

미역취

Solidago virga-aurea var. _asiatica_ Nakai

국화과

전국의 산야에서 자라는 여러해살이풀로 높이 40~80cm이며 윗부분에서 가지가 갈라지며 잔털이 있다. 잎은 어긋 나고 타원형으로 가장자리에 뾰족한 톱니가 있으며 잎자루에 날개가 있다. 꽃은 7~10월에 피며, 수과는 원통형이고 관모는 길이 3.5mm 정도이다.

＊효능 지상부를 일지황화(一枝黃花)라 하며 감기두통·인후종통·황달·백일해·소아경련·종기 등의 치료에 사용한다. 10~15g을 달여서 복용하고, 외용에는 짓찧어서 바른다.

＊중독 증상 과량 복용하면 마비·운동장애 등을 일으키며 심하면 정신장애를 일으킨다. 장기 복용하면 위장출혈 등의 증상이 나타날 수 있다.

＊해독법 위세척·최토·설사 유도·포도당염액에 비타민 C를 타서 정맥 주사한다. 비타민 B_1 및 strychnine을 즉시 근육 주사 하면 운동 장애를 해소시키는데 도움이 된다. 정신 장애에는 진정제를 투여한다. 토혈이나 혈변시에는 *p*-hydroxy benzamide, 6-aminocaproic acid 등을 투여한다.

울릉미역취

***Solidago virga-aurea* var. *gigantea* Miq.**

국화과

여러해살이풀로 높이 15~70cm이고 윗부분이 갈라지며 잔털이 있다. 잎은 긴 타원형으로 어긋 나고 밑부분이 잎자루의 날개로 되고 가장자리에 뾰족한 톱니가 있으며 위로 올라가면서 점차 작아진다. 꽃은 8~9월에 피며, 총포편은 3줄, 설상화는 1줄로 배열된다. 수과는 원통형이며 세로줄이 있다.

＊효능 지상부를 일지황화라 하며 감기 두통·인후종통·황달·백일해·소아경련·종기 등의 치료에 사용한다. 10~15g을 달여서 복용하고, 외용에는 짓찧어서 바른다.

＊중독 증상 과량 복용하면 마비·운동 장애 등의 증상이 나타나며, 심하면 정신장애를 일으킨다. 장기 복용하면 위장 출혈 등의 증상이 나타날 수 있다.

＊해독법 위세척·최토·설사 유도·포도당염액에 비타민 C를 타서 정맥 주사한다. 비타민 B_1 및 strychnine을 즉시 근육 주사 하면 운동 장애를 해소시키는데 도움이 된다. 정신 장애에는 진정제를 투여한다. 토혈이나 혈변시에는 *p*-hydroxy benzamide, 6-aminocaproic acid 등을 투여한다.

황해쑥

***Artemisia argyi* Lév. et Vnt.**

국화과

중부 지방에서 자라는 여러해살이풀로 높이 45~120cm이고 뿌리줄기가 길게 벋는다. 잎은 어긋 나고 깃 모양으로 깊게 갈라지며 열편은 다시 갈라진다. 꽃은 7~8월에 피며, 꽃이 피기 전에 밑으로 처졌다가 서며 총포에 털이 많다. 수과는 긴 타원형으로 양끝이 좁다.

＊효능 심복냉통(心腹冷痛)·월경불순·대하·태동불안·설사·하혈·불임증 등의 치료에 사용한다.

＊중독 증상 과량 복용하면 구갈·구토·전신무력·어지러움·이명·경련·마비·간종대·황달 등의 증상이 나타나며 임신부는 출혈 또는 유산을 일으킬 수 있다.

＊해독법 위를 세척한 후 골탄분(骨炭粉)을 관장하여 독소를 배출시킨다. 환자를 조용하고 약간 어두운 방에 안치하여 외부의 자극을 피하도록 하고 진정제를 투여한다. 또, 간장을 보호해야 한다.

돼지풀

***Ambrosia artemisiifolia* var. *elatior* Descourtils**

국화과

아메리카 원산의 한해살이풀로, 전국의 들이나 냇가에서 잘 자라며 높이 1m 이상이고 전체에 짧고 단단한 털이 있으며 가지가 많이 갈라진다. 잎은 2~3회 깃 모양으로 갈라진다. 꽃은 8~9월에 피고 원줄기 및 가지 끝에 이삭 모양으로 달리며, 포편은 녹색으로 서로 붙어 있다. 소화(小花)는 모두 관상화이고 암꽃 두화는 1개의 꽃과 2개의 포편으로 되며 녹색이다.

***효능** 약용으로 사용된 기록은 없다.

***중독 증상** 화분 알레르기를 일으키는 대표적인 식물로 꽃이 필 때 꽃가루가 피부에 접촉되면 두드러기를 일으킨다.

***해독법** 접촉 후에는 피부를 물로 잘 씻고, 알레르기나 두드러기를 일으킨 경우에는 스테로이드제 연고를 바르고 심하면 스테로이드제 및 항히스타민제를 복용한다.

쑥방망이

***Sencio argunensis* Turcz.**

국화과

풀밭에서 자라는 여러해살이풀로 높이 65~160cm이고, 줄기에 희미한 능선과 더불어 거미줄 같은 털이 있으며, 뿌리잎은 꽃이 필 때 없어진다. 중앙부의 잎은 잎자루가 없고 달걀 모양의 타원형이며 표면에 털이 없고 뒷면에 거미줄 같은 털이 있으며 깃 모양으로 깊게 갈라진다. 두화는 많으며 산방상으로 달리고, 총포는 반구형이며 수과는 길이 2~3mm로 원뿔 모양이며 능선이 있고 털이 없다.

＊효능 이질·피부염·습진·화농증·급성결막염 등의 치료에 사용한다. 9~15g을 달여서 먹거나 외용한다.

＊중독 증상 구체적인 중독 증상은 알려져 있지 않으나 독성이 약간 있다고 기록되어 있으므로 복용량을 준수한다.

＊해독법 농차로 위를 세척하거나 최토시킨 후 1% 타닌산 용액이나 2% 소다수를 복용시킨다. 또는 위를 보호할 수 있는 액체를 같이 복용시킨다.

물 쑥

***Artemisia selengensis* Turcz.**

국화과

전국의 냇가에서 자라는 여러해살이풀로 높이 120cm에 이르고 뿌리잎은 꽃이 필 때 없어진다. 줄기잎은 어긋 나며 3개로 깊게 갈라지고, 열편은 피침형으로 끝이 뾰족하다. 꽃은 길이 3mm, 너비 2~3mm로 8~9월에 피며 종 모양이고 원줄기 끝의 총상꽃차례에 달린다. 총포에 거미줄 같은 털이 있으며, 포편은 4줄로 배열된다.

***효능** 지상부를 유기노(劉寄奴)라 하며, 간염·간경화·간디스토마·산후어혈·타박상 등의 치료에 사용한다. 5~10g을 달여서 복용하고 외용에는 짓찧어서 바른다.

***중독 증상** 과량 복용하면 구토나 설사를 일으킨다. 특히 몸이 약한 사람이나 설사를 잘 하는 사람은 주의한다.

***해독법** 복용을 중지하면 바로 회복되나 심한 경우에는 위를 세척하고 농차, 활성탄 또는 타닌산 알부민 등을 복용한다. 물에 소금과 설탕을 타서 마시거나 5% 포도당염액을 정맥 주사 하여 탈수를 예방한다. 밀가루로 쑨 풀을 조금씩 먹게 하여 위점막을 보호한다.

진득찰

Siegesbeckia glabrescens **Makino**

국화과

들이나 밭 근처에서 흔히 자라는 한해살이풀로 원줄기와 잎에 누운 털이 있으며 가지가 마주 갈라진다. 잎은 달걀 모양의 삼각형으로 마주 나고, 양면에 짧은 누운 털이 있으며, 뒷면에 선점이 있고 가장자리에 불규칙한 톱니가 있다. 꽃은 황색으로 8~9월에 가지 끝과 원줄기 끝에 달리며, 총포편은 5개이며 주걱 모양으로 퍼지고 선모가 밀생한다. 수과는 끝이 넓은 달걀 모양이고 4개의 능각이 있으며 다른 물체에 잘 붙는다.

＊효능 지상부를 한방에서 희첨(豨薟)이라 하며 관절통·요슬무력(腰膝無力)·사지마비·반신불수·고혈압·급성간염 등의 치료에 사용한다. 9~12g씩 달여서 복용한다.

＊중독 증상 구체적인 중독 증상은 알려져 있지 않으나 독성이 있다고 기록되어 있으므로 복용량에 주의해야 하며, 특히 혈압이 낮은 사람이나 수족마비·관절통·요슬무력 등의 증상을 나타낸 경우에는 복용해서는 안 된다.

털진득찰

Siegesbeckia pubescens **Makino**

국화과

진득찰과 같이 자라는 한해살이풀로 높이 1m에 이르며 원줄기와 잎에 털이 많고 가지는 진득찰과 같이 갈라진다. 잎은 달걀 모양의 삼각형이며 마주 나고 끝이 뾰족하다. 꽃은 8~9월에 피고 가지 끝과 원줄기 끝에 달려서 전체가 산방상으로 되며 꽃자루 및 총포편에 선모가 밀생한다. 수과는 끝이 넓은 달걀 모양으로 약간 굽으며 4개의 능각이 있고 털이 없다.

＊효능 지상부를 한방에서 희첨이라 하며, 관절통·하지무력·사지마비·반신불수·고혈압·급성간염 등의 치료에 사용한다. 9~12g씩 달여서 복용한다.

＊중독 증상 구체적인 중독 증상은 알려져 있지 않으나 독성이 있다고 기록되어 있으므로 복용량에 주의해야 하며, 특히 혈압이 낮은 사람이나 수족마비·관절통·요슬무력 등의 증상을 나타낸 경우에는 복용해서는 안 된다.

제주진득찰

***Siegesbeckia orientalis* L.**

국화과

제주도의 풀밭에서 자라는 한해살이풀로 진득찰과 비슷하지만 보다 크고, 가지가 Y자 모양으로 갈라지며 짧은 털이 밀생한다. 중앙부의 잎은 잎자루가 길고 달걀 모양의 긴 타원형 또는 삼각상 달걀 모양이며 양면에 누운 털이 밀생한다. 두화는 지름 16~21mm로 긴 꽃자루가 있고 꽃자루 및 총포에 선모가 있어 끈적거린다.

***효능** 지상부를 한방에서 희첨이라 하며, 관절통·요슬무력·사지마비·반신불수·고혈압·급성간염 등의 치료에 사용한다. 9~12g씩 달여서 복용한다.

***중독 증상** 구체적인 중독 증상은 알려져 있지 않으나 독성이 있다고 기록되어 있으므로 주의해야 하며, 특히 혈압이 낮은 사람이나 신체허약으로 인한 수족마비·관절통·요슬무력 등의 증상이 나타난 경우에는 복용해서는 안 된다.

부록

식물 그림 설명

● 꽃의 구조

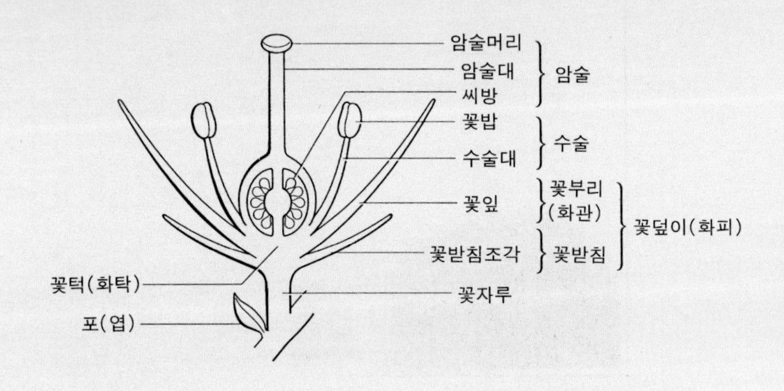

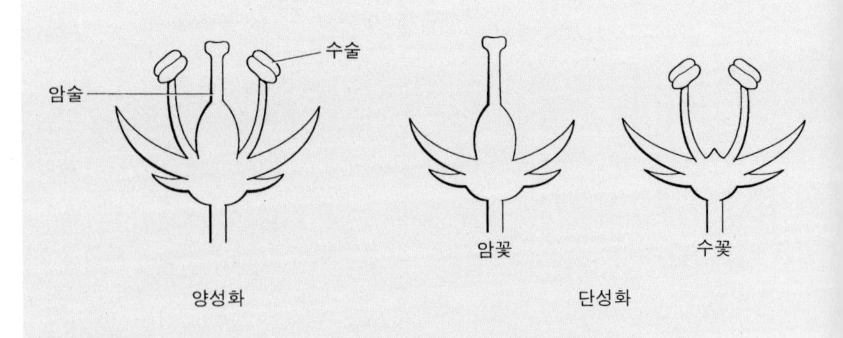

양성화

단성화

● 화관의 구조

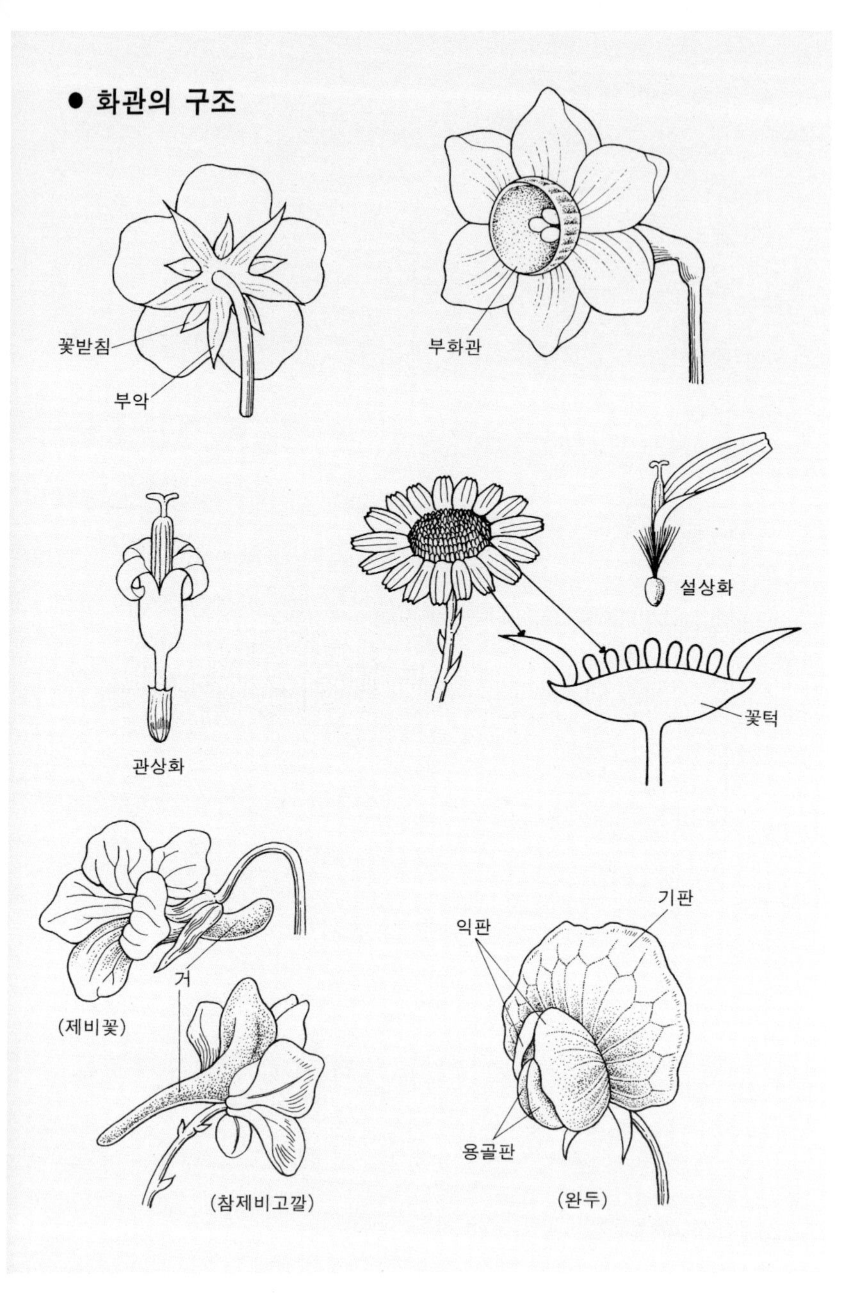
꽃받침
부악
부화관
설상화
관상화
꽃턱
거
(제비꽃)
(참제비고깔)
기판
익판
용골판
(완두)

● 꽃차례의 종류

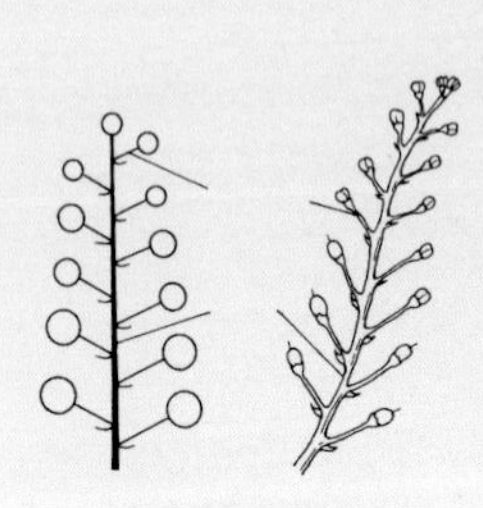

총상꽃차례 (호생)
(섬까치수염)

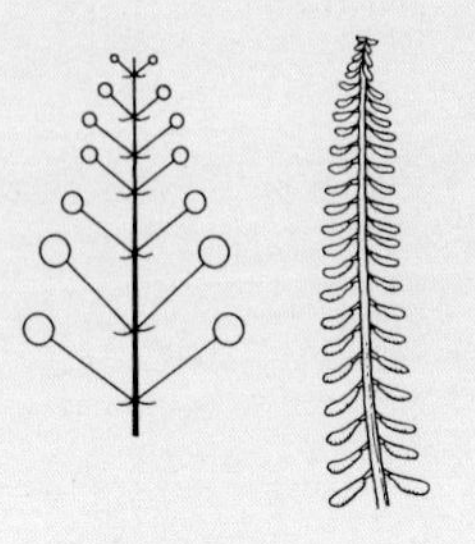

총상꽃차례 (대생)
(낭아초)

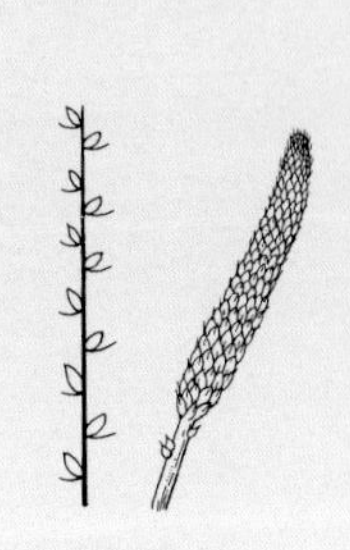

이삭모양꽃차례
(질경이)

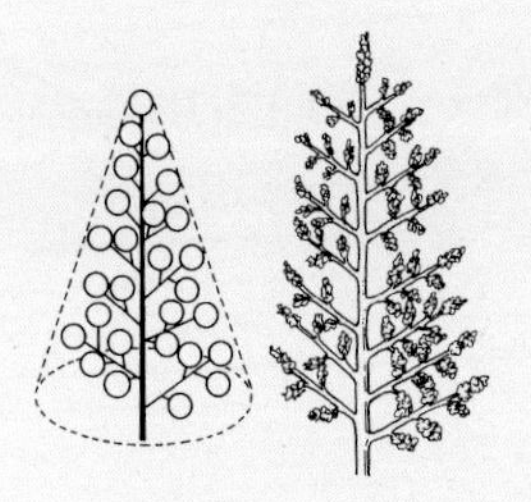

원추모양꽃차례
(붉나무)

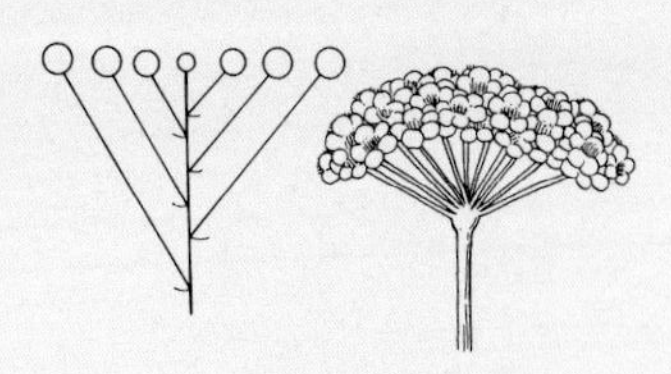

산방꽃차례
(인가목조팝나무)

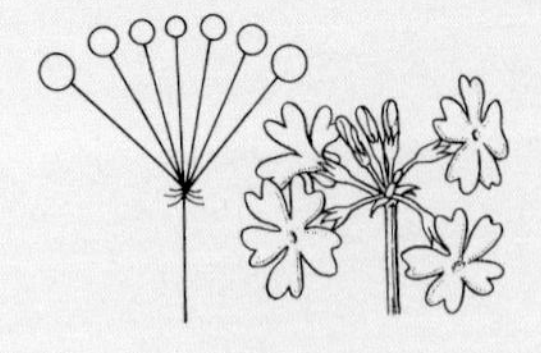

우산모양꽃차례
(앵초)

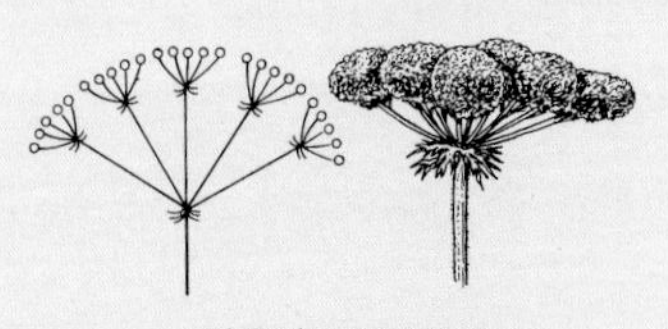

겹우산모양꽃차례
(당근)

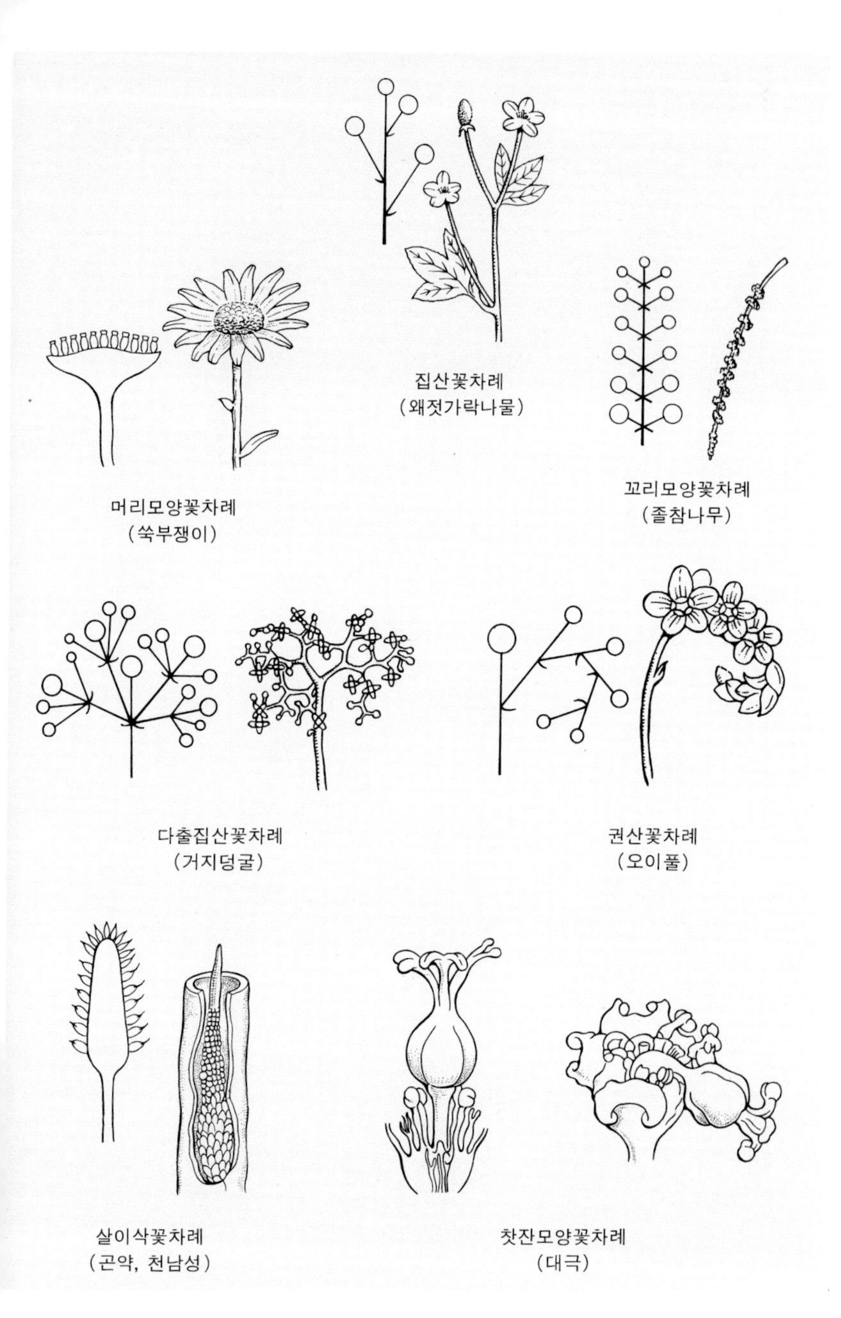
집산꽃차례
(왜젓가락나물)
머리모양꽃차례
(쑥부쟁이)
꼬리모양꽃차례
(졸참나무)
다출집산꽃차례
(거지덩굴)
권산꽃차례
(오이풀)
살이삭꽃차례
(곤약, 천남성)
찻잔모양꽃차례
(대극)

● 열매의 종류

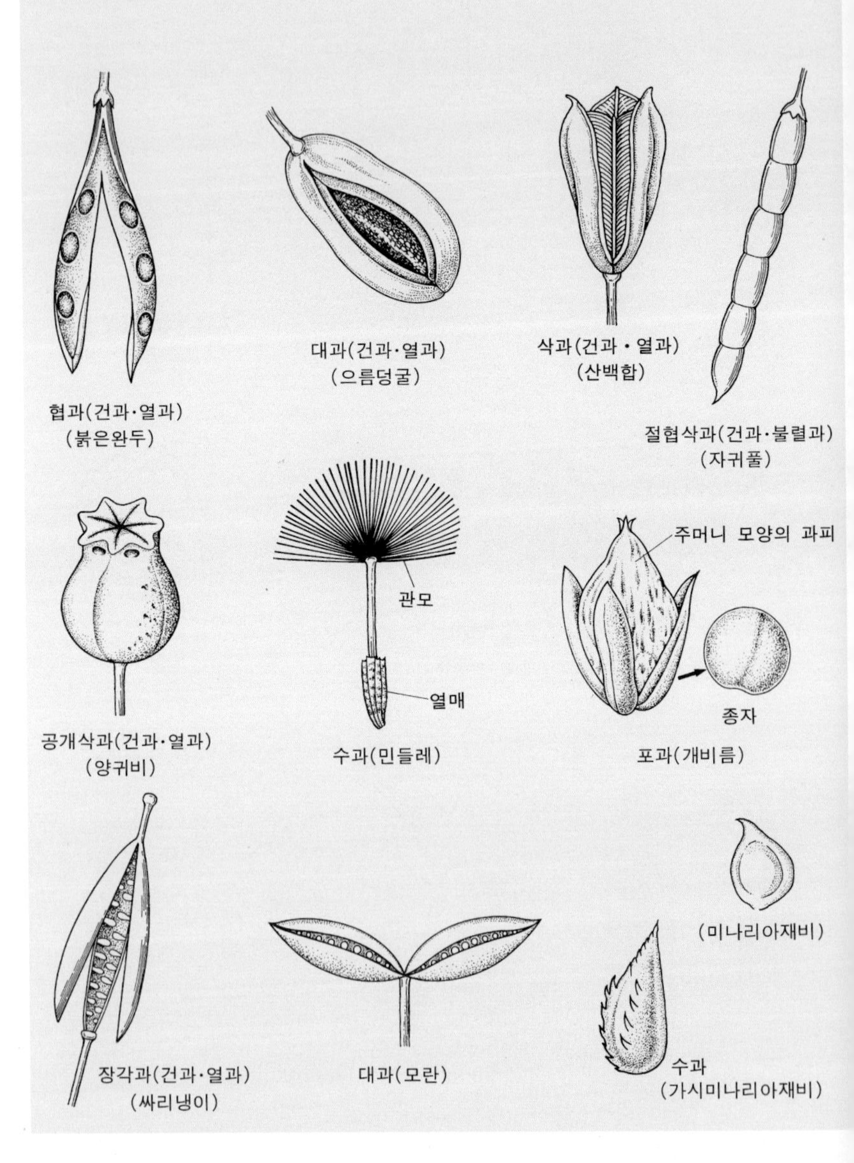

협과(건과·열과)
(붉은완두)
대과(건과·열과)
(으름덩굴)
삭과(건과 · 열과)
(산백합)
절협삭과(건과·불렬과)
(자귀풀)
공개삭과(건과·열과)
(양귀비)
관모
열매
수과(민들레)
주머니 모양의 과피
종자
포과(개비름)
장각과(건과·열과)
(싸리냉이)
대과(모란)
(미나리아재비)
수과
(가시미나리아재비)

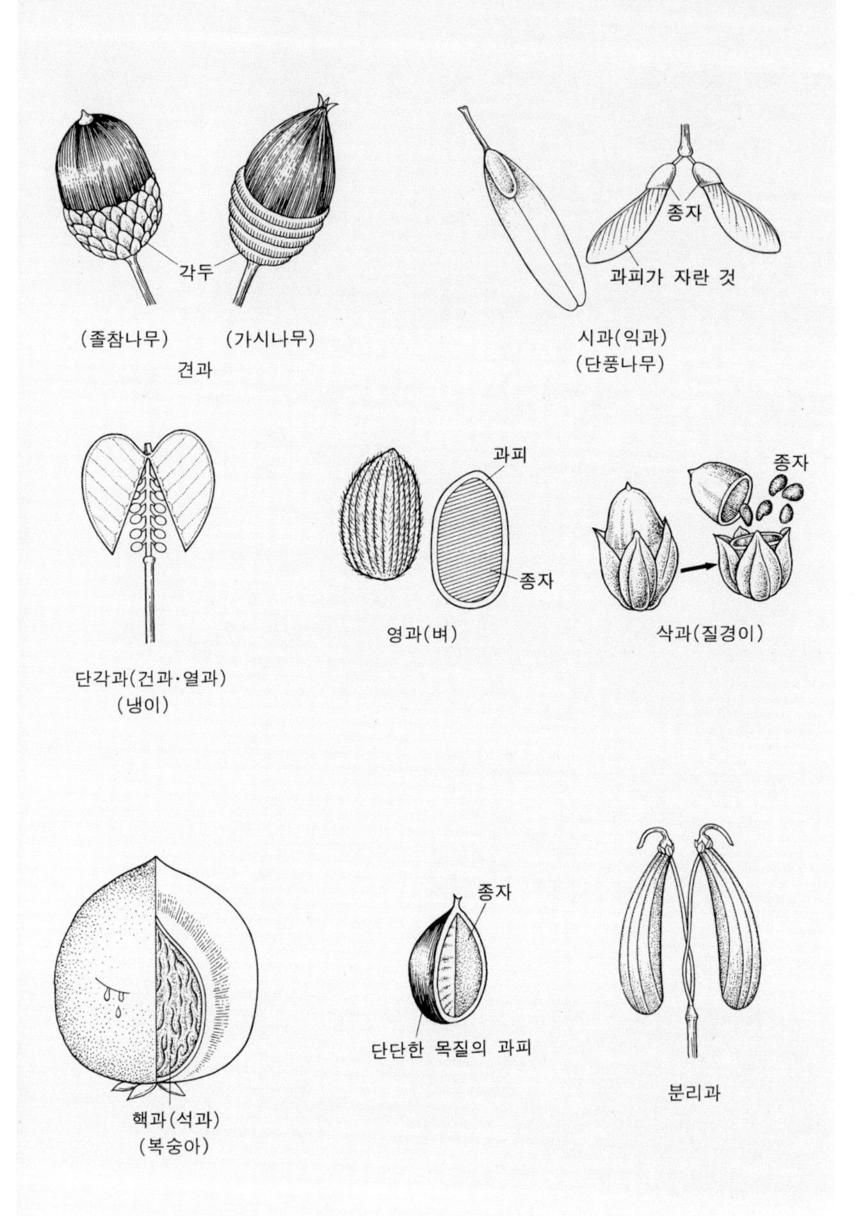
각두
(졸참나무)
(가시나무)
견과
종자
과피가 자란 것
시과(익과)
(단풍나무)
단각과(건과·열과)
(냉이)
과피
종자
영과(벼)
종자
삭과(질경이)
종자
단단한 목질의 과피
핵과(석과)
(복숭아)
분리과

● 잎의 구조

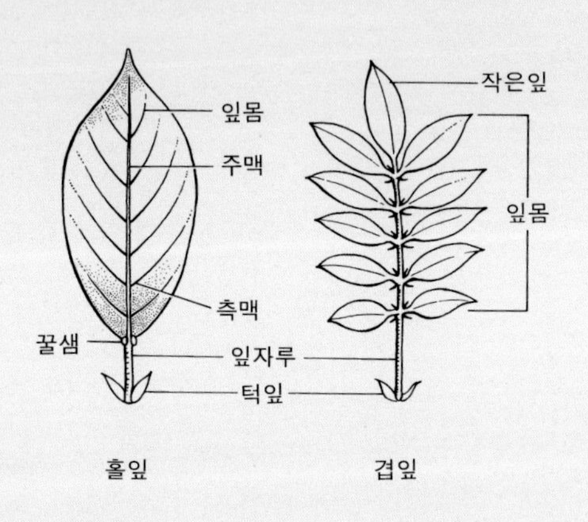

잎몸
주맥
측맥
꿀샘
잎자루
턱잎
작은잎
잎몸
홑잎
겹잎

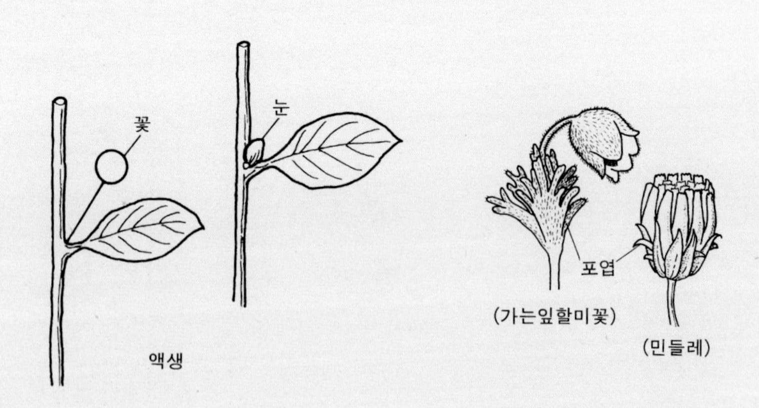

꽃
눈
액생
포엽
(가는잎할미꽃)
(민들레)

● 잎의 모양

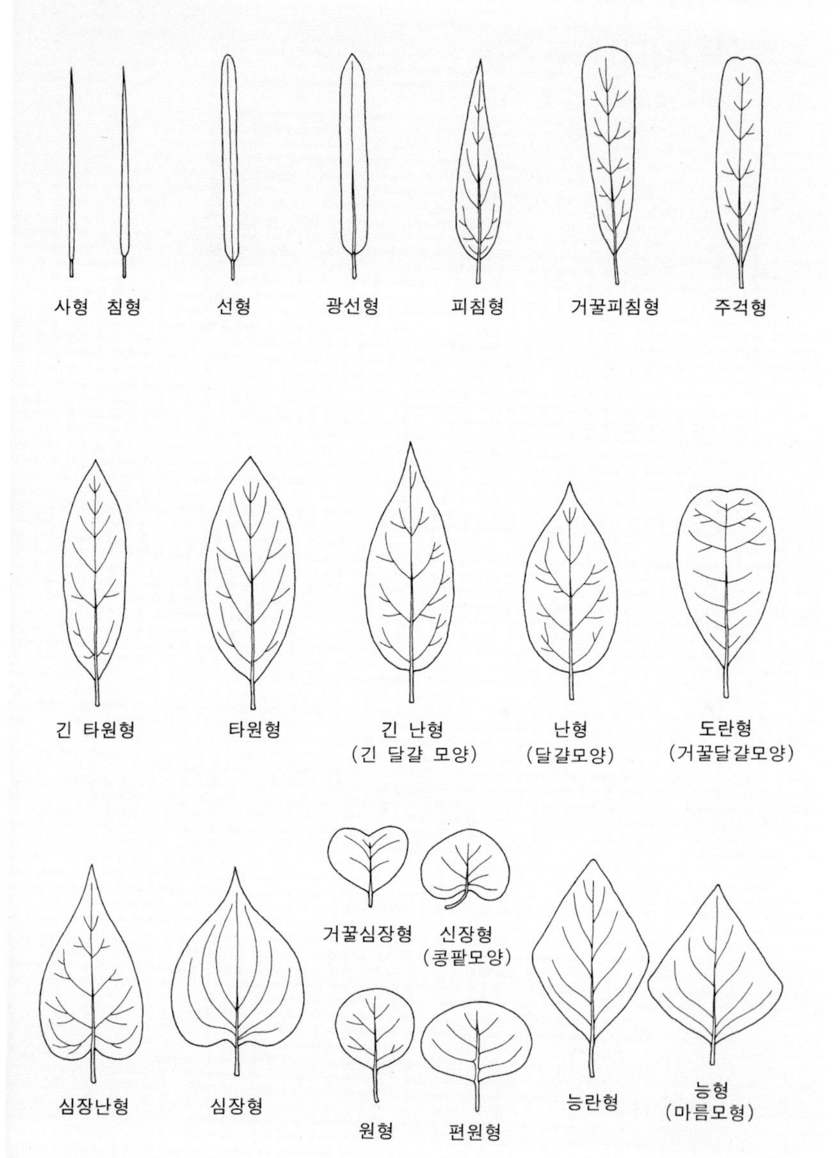

사형 침형
선형
광선형
피침형
거꿀피침형
주걱형
긴 타원형
타원형
긴 난형
(긴 달걀 모양)
난형
(달걀모양)
도란형
(거꿀달걀모양)
거꿀심장형
신장형
(콩팥모양)
심장난형
심장형
원형
편원형
능란형
능형
(마름모형)

● 잎의 나기

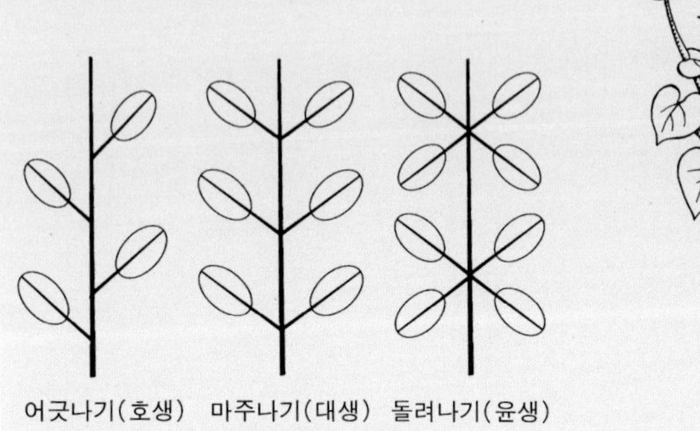

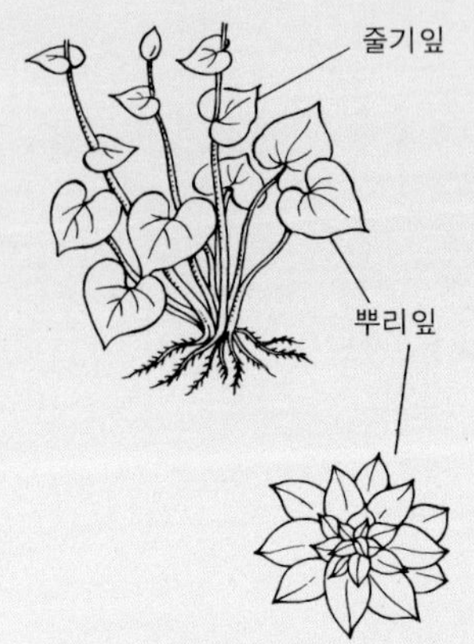

● 잎의 갈라지기

우상열

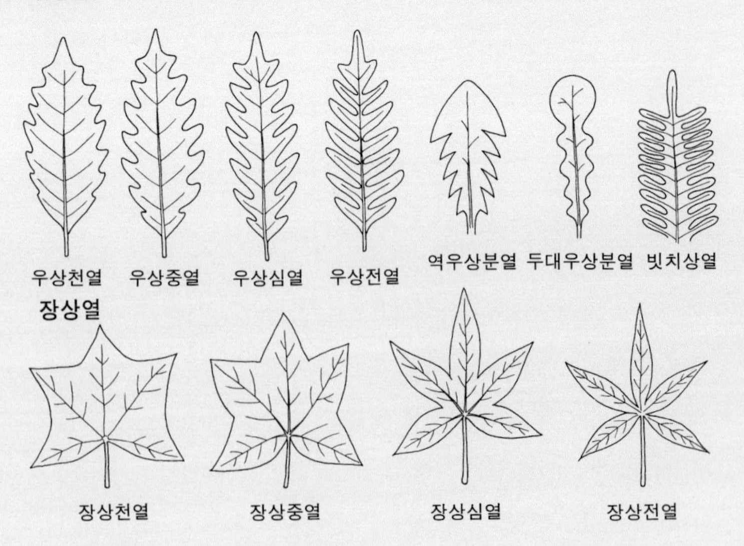

● 잎이 붙는 모양

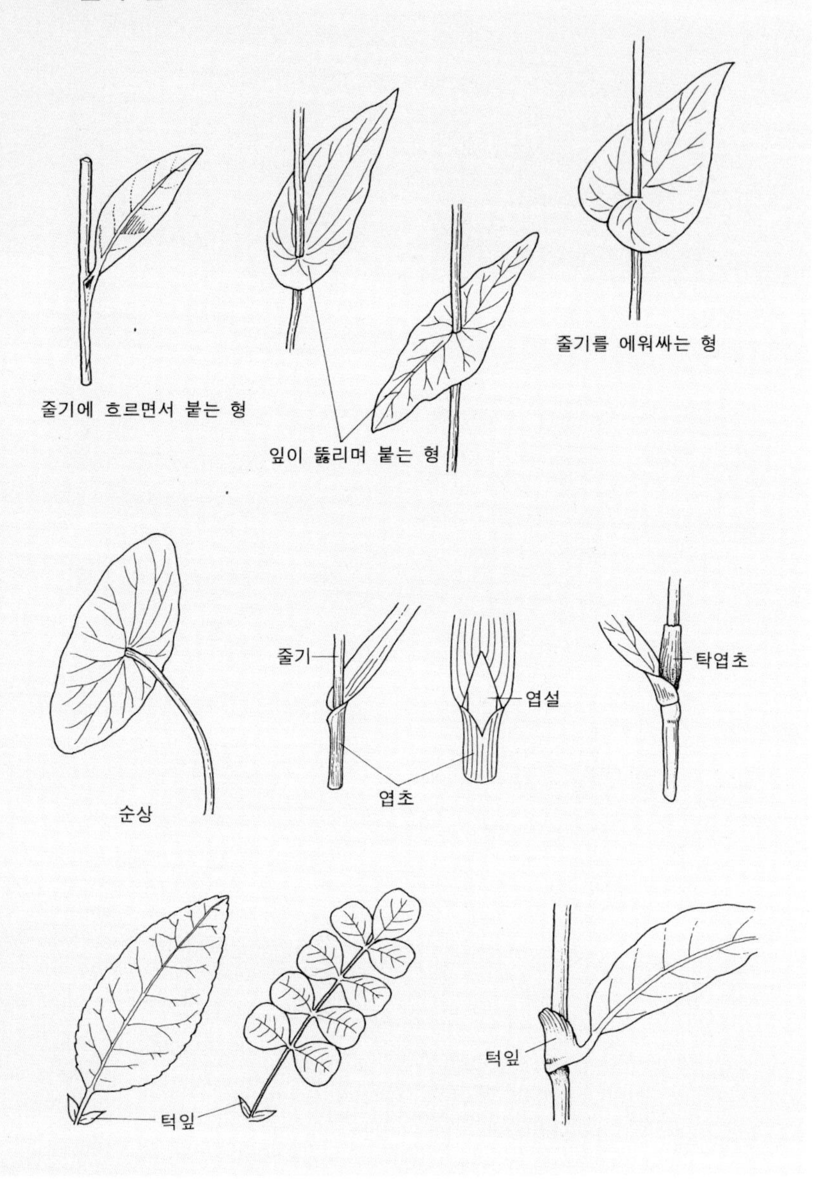
줄기에 흐르면서 붙는 형
잎이 뚫리며 붙는 형
줄기를 에워싸는 형
줄기
엽설
탁엽초
순상
엽초
턱잎
턱잎

● 잎의 가장자리

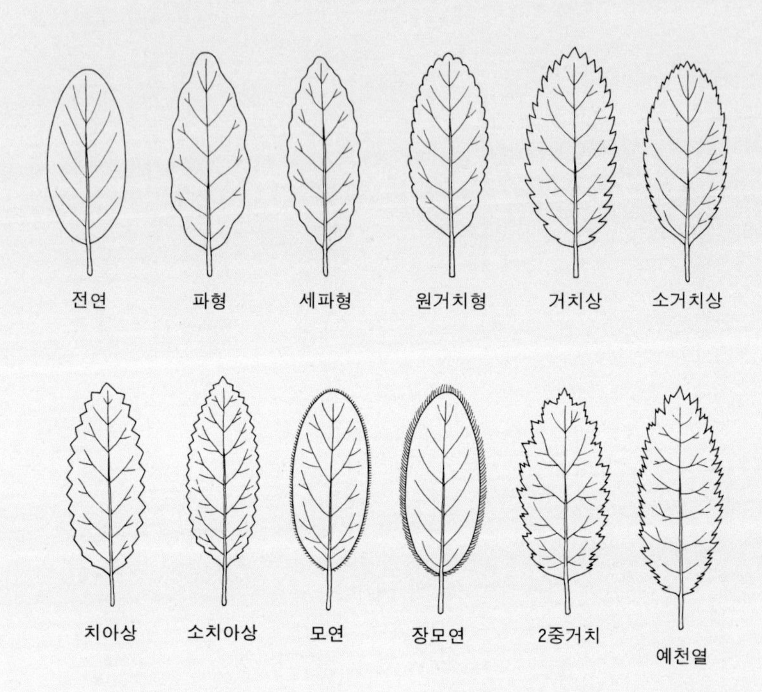

● 잎 끝의 모양

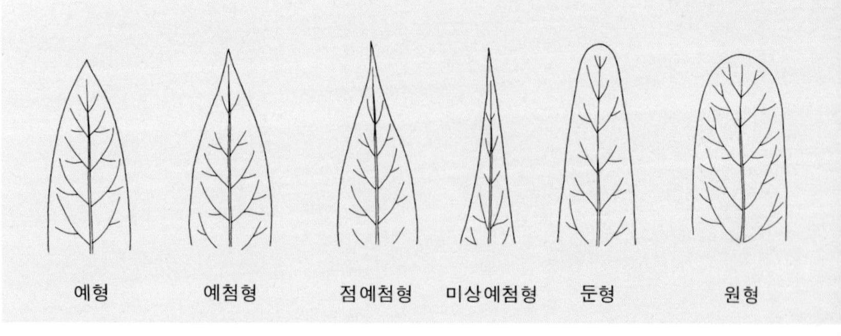

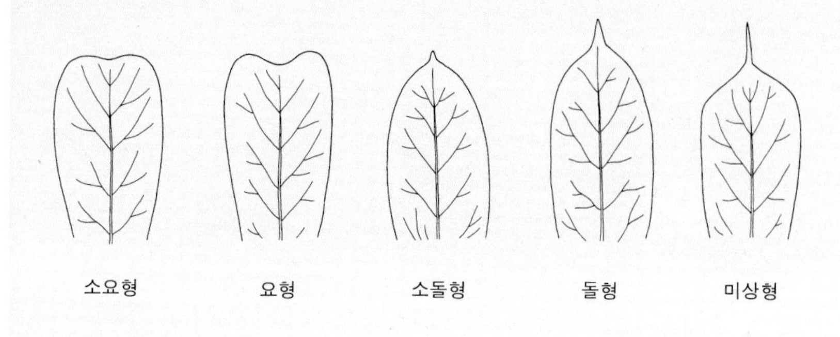
소요형
요형
소돌형
돌형
미상형

● 잎의 기부

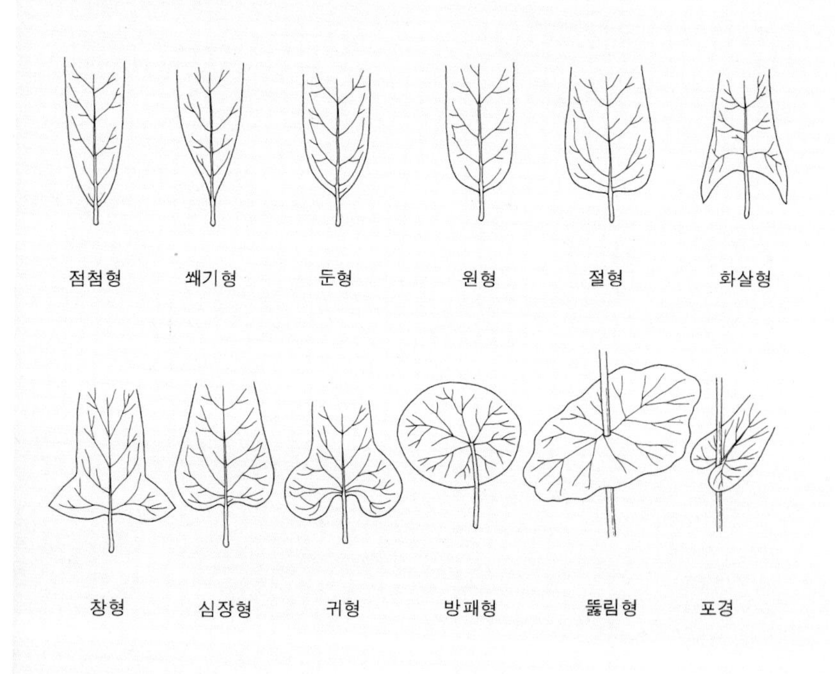
점첨형
쐐기형
둔형
원형
절형
화살형
창형
심장형
귀형
방패형
뚫림형
포경

● 겹잎의 종류

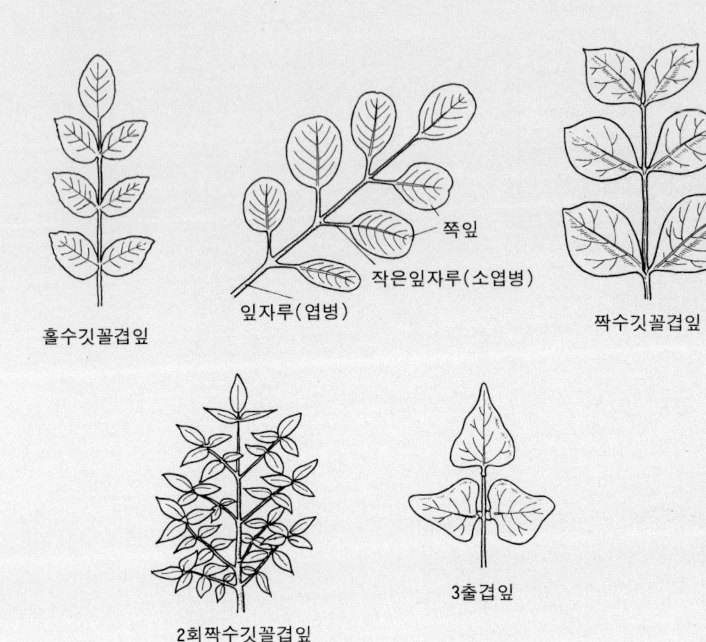

● 땅속줄기의 종류

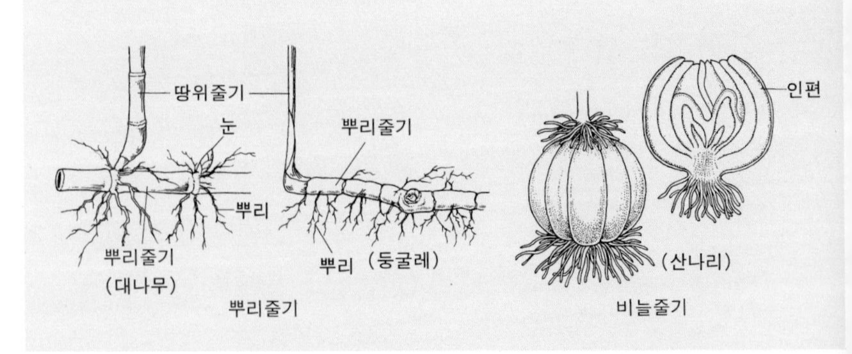

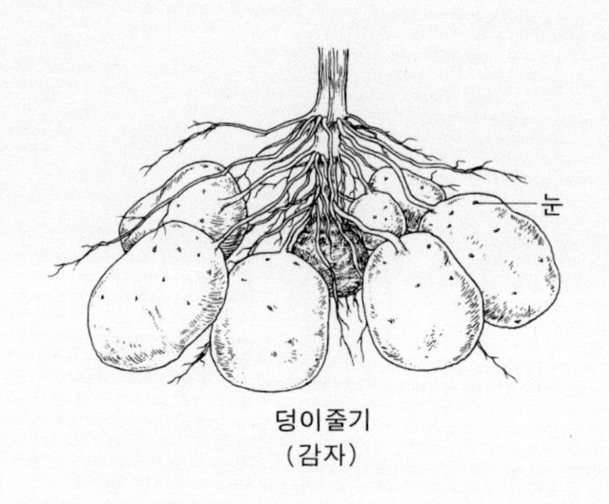

덩이줄기
(감자)

알줄기
(글라디올라스)

● 나무의 구분

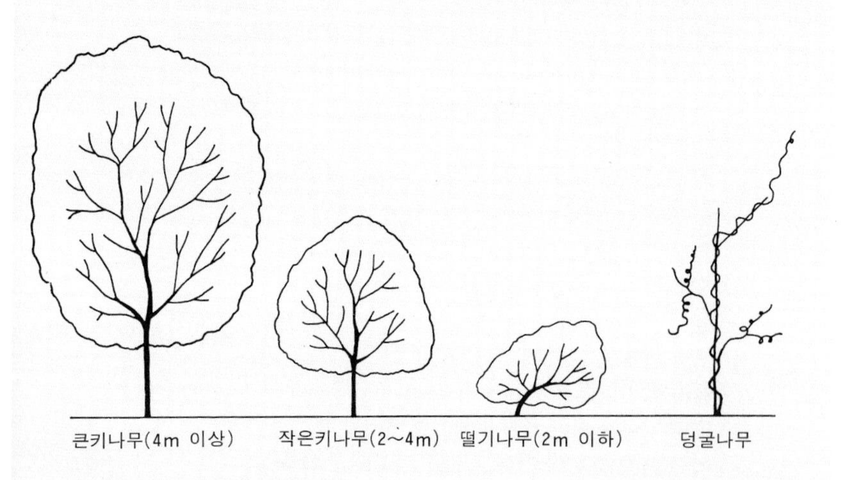

용어 해설

거(距, spur) 꽃받침이나 꽃잎의 일부가 통 모양으로 변화되어 꽃자루를 중심으로 꽃의 뒤에 매달린 부분을 말한다(예: 제비꽃, 매발톱꽃, 난류 등).

거치(鋸齒, serration, serra) 잎이나 꽃잎의 가장자리의 들쭉날쭉한 톱니를 말한다.

견과(堅果, nut) 흔히 딱딱한 껍질에 싸이며, 보통 1개의 씨가 들어 있는 열매를 말한다. 성숙하여도 과피는 벌어지지 않는다(예: 밤, 종가시나무 열매 등).

결각(缺刻) 잎의 가장자리가 깊이 팬 것

겹우산모양꽃차례〔復繖形花序, compound umbel〕 우산모양꽃차례가 모여 전체적으로 겹을 이룬 꽃차례

겹잎〔複葉, compound leaf〕 하나의 잎이 갈라져 2개 이상의 작은 잎(쪽잎)으로 이루어진 잎. 갈라진 쪽잎의 배열 상태에 따라 깃꼴겹잎, 3출겹잎, 손바닥모양겹잎 등이 있다.

골돌(蓇葖, follicle) 하나의 암술이 각각 발달한 열매로서, 통상 안쪽의 봉합선을 따라 갈라진다(예: 투구꽃,작약,박주가리 등의 열매).

과실(果實, fruit, fructus) 열매. 종자 식물에서 수정의 결과 성숙 비대한 씨방〔子房〕 또는 씨방군〔子房群〕을 말한다. 보통 씨방벽이 발달한 과피와 배주가 발달한 종자로 이루어진다.

군생(群生, community) 동일 식물이 일정한 지역에서 떼를 지어 생육하는 것

깃꼴겹잎〔羽狀複葉, pinnately compound leaf〕 잎몸이 새의 깃 모양으로 갈라져 여러 개의 쪽잎으로 구성된 잎

꼬리모양꽃차례〔尾狀花序, catkin, ament〕 자작나무나 버드나무과에서 볼 수 있는 꽃차례로서 꽃차례 축이 가늘고 길며, 암꽃이나 수꽃

이 여러 개 조밀하게 모여 있어 동물의 꼬리같이 보인다. 유이꽃차례라고도 한다.

꽃자루〔花柄, peduncle〕 꽃 또는 꽃차례의 자루

꽃차례〔花序, inflorescence〕 줄기 또는 꽃차례 축에 달린 꽃의 배열 상태를 말하며, 꽃이 피는 순서에 따라 유한꽃차례와 무한꽃차례가 있다. 전자는 정점에서 기부를 향해, 후자는 기부에서 정점을 향해 꽃이 순차적으로 핀다. 유한꽃차례에는 집산꽃차례, 단정꽃차례〔單頂花序〕 등이 있으며, 무한꽃차례에는 총상꽃차례, 산방꽃차례, 우산모양꽃차례, 머리모양꽃차례 등이 있다.

꿀샘〔蜜腺, nectary〕 꽃받침, 꽃잎, 수술, 심피, 화탁 등이 변하여 꿀을 내는 것

내화피(內花被) 꽃의 꽃잎에 해당됨.

단성화(單性花, monosexual flower) 암술과 수술 중 하나가 없는 꽃

대과(袋果, follicle) 1심피로 된 과실로 열매가 주머니 모양이며, 익으면 여러 갈래로 갈라진다(예: 일황련, 벽오동 등).

덩이줄기〔塊莖, tuber〕 땅 속에 있는 줄기 끝에 녹말 등의 양분을 저장하며, 비대한 육질의 덩이로 된 것으로 많은 싹을 가지고 있다(예: 감자, 돼지감자 등).

돌려나기〔輪生, verticillate〕 줄기의 한 마디에 잎이 3개 이상 달리는 것을 말한다. 꼭두서니나 갈퀴덩굴속 식물은 잎과 턱잎이 돌려 나는 특징이 있다.

두해살이풀〔二年草, biennial〕 발아하여 개화, 결실한 다음 죽을 때까지 생활 기간이 2년인 풀

땅속줄기〔地下莖, subterranean stem〕 땅 속에서 특수한 모양으로 변화한 줄기로 잎은 퇴화하여 비늘 모양으로 된다. 모양에 따라 뿌리줄기, 덩이줄기, 알줄기, 비늘줄기 등으로 구분한다.

떨기나무〔灌木, shrub〕 줄기가 밑에서 여러 개로 갈라지는, 사람 키 정도의 나무

마디(node) 줄기에 잎 또는 싹이 발달하거나 붙어 있는 자리

마주나기〔對生, opposite〕 한 마디에 한 쌍의 잎이 달리는 것을 말한

다(예: 패랭이꽃, 용담, 꿀풀 등).

머리모양꽃차례〔頭狀花序, head〕 무한꽃차례의 일종으로 줄기 끝이 원판 모양을 이루고, 그 위에 꽃자루가 없는 꽃이 조밀하게 배열하여 전체가 하나의 꽃처럼 보인다(예: 해바라기, 산토끼꽃 등).

바늘잎〔針葉, acicular leaf, needle leaf〕 소나무속이나 잎갈나무속에서 보이는 바늘 모양의 잎

부화관(副花冠, paracorolla) 화관과 수술 사이에 있는 작은 부속체(예: 수선화, 용담 등)

분리과(分離果, schizocarp) 분열과(分裂果)라고도 하며, 중축에 2개 이상의 과실이 합착해 있다가 완숙하면 분열하여 분과(mericarp)가 되는 것

불염포(佛焰苞, spathe) 천남성과 같이 꽃차례를 싸는 총포

비늘줄기〔鱗莖, bulb〕 땅속줄기의 마디가 현저하게 축소되어 조개 껍질 모양의 비후한 다육질의 잎에 둘러싸여 있는 줄기로, 중심에 있는 눈은 자라서 땅위줄기가 된다.

뿌리잎〔根生葉, radical leaf〕 지표에서 가까운 줄기의 마디에서 비스듬히 또는 수평으로 잎이 달리므로 마치 뿌리에서 난 것처럼 보이는 잎(예: 민들레, 질경이 등)

뿌리줄기〔根莖, rhizome〕 땅 속을 수평으로 기어서 자라는 줄기를 말한다. 잎은 보통 비늘조각 모양으로 변한다.

삭과(蒴果, capsule) 2개 이상의 심피로 된 과실로, 완숙 후 건조되면 2개 이상의 봉선을 따라 터지는 열매

산방꽃차례〔繖房花序, corymb〕 무한꽃차례의 일종으로 밑부분에 있는 작은 꽃자루〔小花莖〕가 길기 때문에 꽃은 전체적으로 평면으로 배열한 모양이다(예: 찔레꽃, 벚꽃 등).

살이삭꽃차례〔肉穗花序, spadix〕 이삭모양꽃차례의 축이 육질로 비후된 것으로 천남성과의 특징이다.

3출겹잎〔三出複葉, ternate compound leaf〕 3개의 쪽잎으로 이루어진 겹잎(예: 조록싸리, 칡, 개구리발톱 등)

선모(腺毛, glandular hair) 다세포성모(多細胞性毛)로서 대부분은 선

단이 둥글게 부풀어 있고 분비물을 함유한다(예: 사리풀 등).

선형(線型, linear) 길이가 너비보다 5배 이상 길고 양쪽 가장자리가 평행하면서 좁은 모양

설상화(舌狀花, ligulate) 머리모양꽃차례에서 가장자리의 혀 모양의 꽃을 말한다.

섬모(纖毛) 가는 털

소지(小枝, twig) 지난해에 자란 어린 나뭇가지로 전년지(前年枝)라고도 한다.

소총포(小總苞, involucel) 작은 꽃자루(pedicel) 밑에 붙어 있는 선형의 포엽으로, 분류학상 중요한 특징이 될 수 있다.

손바닥모양겹잎〔掌狀複葉, palmately compound leaf〕 잎자루 끝에 여러 개의 쪽잎이 손바닥 모양으로 평면 배열한 잎(예: 으름덩굴, 칠엽수 등)

수과(瘦果, achene) 한 열매에 1개의 종자가 들어 있고, 과피는 얇으며, 종자와 분리된다(예: 민들레, 해바라기, 꿩의다리 등).

순형(脣形, labiate) 입술 모양

시과(翅果, samara) 익과(翼果)라고도 한다. 단풍나무 열매와 같이 날개가 발달하여 있는 열매

식물독(植物毒, plant poison) 식물체에 존재하는, 인체에 유독성을 나타내는 물질로서 사람의 신경계, 심장 등에 해를 주어 생명을 위협하는 경우가 많다. 대표적인 식물독으로는 *Aconitum*속 식물에 함유된 aconitine계 알칼로이드, 할미꽃 뿌리에 함유된 anemonine, protoanemonine, 담배잎 중에 함유된 nicotine, 코카엽의 cocaine, 양귀비의 미숙 과실 중에 함유된 morphine alkaloid 등이며, 인체에는 무해하나 곤충에는 유해하여 해충구제, 구충제 등으로 사용되는 제충국, 데리스근(rotenone) 등도 있다.

알줄기〔球莖〕 육질로 된 구형(球形)의 짧은 줄기로서 변두리에서 1~5개의 작은 싹이 난다(예: 천남성 등).

암수딴그루〔雌雄異株, dioecious〕 암꽃과 수꽃이 각각 다른 그루에 달린 것

암수한그루〔雌雄同株, monoecious〕 암꽃과 수꽃이 한 그루에 달리거나 양성화가 피는 것

액생(腋生) 꽃이 잎겨드랑이에서 피는 것

양성화(兩性花, bisexual flower) 한 꽃에 암술과 수술이 모두 있는 것

어긋나기〔互生, alternate〕 마디마다 1개의 잎이 줄기를 돌아가면서 배열한 상태

여러해살이풀〔多年草, perennial herb〕 숙근초(宿根草)라고도 한다. 매년 줄기나 잎을 내어서 꽃을 피우며, 가을에 지상부는 말라 죽지만 뿌리나 땅속줄기는 여러 해에 걸쳐 생존하는 풀

엽맥(葉脈, vein, nerve) 잎의 양 면에서 보이는 유관속 조직

엽초(葉鞘, leaf sheath) 잎의 밑부분이 칼집 모양으로 되어 줄기를 싸고 있는 것

엽축(葉軸) 겹잎의 잎자루

우산모양꽃차례〔繖形花序, umbel〕 무한꽃차례의 일종으로 줄기 끝에서 나온, 길이가 거의 같은 꽃자루들이 우산 모양으로 늘어선 꽃차례

원추모양꽃차례〔圓錐花序, panicle〕 총상꽃차례 또는 이삭모양꽃차례 등의 축이 갈라져 전체 외관이 전체적으로 원추 모양을 이룬 꽃차례(예: 벼과식물, 좁쌀풀, 쥐똥나무 등)

유액(乳液) 식물의 유세포나 유관 속에 있는 백색 또는 황갈색의 젖물

육아(肉芽) 마과 식물에서처럼 잎겨드랑이에 붙은 살눈

융모(絨毛) 길고 부드러운 털

이삭모양꽃차례〔穗狀花序, spike〕 무한꽃차례의 일종으로 가늘고 긴 주축에 꽃자루가 없는 꽃이 달리는 꽃차례(예:질경이, 밀, 보리 등)

잎겨드랑이〔葉腋〕 잎과 줄기의 사이

잎몸〔葉身, blade〕 잎에서 잎자루와 턱잎을 제외한 넓은 부분

작은키나무〔亞喬木〕 키가 2~4m 정도의 나무

장과(漿果, berry) 액과(液果)라고도 한다. 토마토나 포도나무속처럼 열매가 다육질인 열매

장상(掌狀) 손바닥 모양
장상맥(掌狀脈) 손바닥 모양의 맥
전연(全緣) 톱니가 없이 밋밋한 잎 가장자리
종자(種子, seed) 씨. 배주가 성숙한 것
줄기잎〔莖生葉〕 줄기에 달린 잎을 말하며, 특히 뿌리잎〔根生葉〕과 잎 모양이 다른 경우에 강조하는 뜻으로 사용된다.
중성화(中性花, asporangiate, neutral flower) 암술과 수술이 다 없는 꽃
집산꽃차례〔集散花序〕 유한꽃차례의 한 종류로 주축 끝에 꽃이 달리고 ,그 밑에서 번은 자루 끝에 꽃이 달리는 것이 반복되는 꽃차례
쪽잎〔小葉, leaflet〕 작은 잎사귀, 즉 겹잎을 이루는 낱장의 잎을 말한다.
찻잔모양꽃차례〔杯狀花序, cyathum〕 집산꽃차례의 일종으로 대극과의 특징적인 꽃차례이다. 1개의 암꽃과 1개의 수술로 이루어진 다수의 수꽃이 찻잔 모양의 초포 내에 들어 있는 꽃차례로, 찻잔 둘레에 붙어 있는 선체(腺體)의 모양은 분류의 지표가 된다.
총상꽃차례〔總狀花序, raceme〕 긴 화축에 꽃자루의 길이가 같은 꽃들이 밑에서부터 피어 올라가는 꽃차례
총생(叢生, fascicle) 잎, 꽃, 가지 등이 접근하여 다발로 뭉쳐 나는 것을 말한다(예: 소나무, 은행나무의 잎, 용담의 꽃 등).
총포(總苞, involucre) 꽃차례 밑에 붙은 포
총포엽(總苞葉, involucral bract) 꽃차례의 기부에 붙은 다수의 포엽 집합체. 개개의 포엽을 총포편이라 한다.
취과(取果, etaerio, aggregate fruit) 집합과라고도 한다. 산딸기속, 미나리아재비속과 같이 꽃턱 위에 다수의 씨방이 발달한 과실이 모여 전체로서 하나의 과실 모양을 이룬 것
큰키나무〔喬木, tree〕 줄기가 곧고 굵으며 위쪽에서 가지가 퍼지는 나무로, 키가 4~5m 이상이다.
턱잎〔托葉,, stipule〕 잎자루의 기부 좌우에 달려 있는 톱니 모양의 잎
폐쇄화(閉鎖花) 꽃봉오리 그대로 꽃이 피지 않고 자가수정에 의하여

결실하는 꽃(예: 제비꽃, 땅콩 등)

포(苞, bract) 포엽(苞葉)이라고도 한다. 꽃차례나 꽃 주변에 형성되는 변형된 잎으로 대부분 잎보다 작으며, 특히 작은 포를 인편엽이라고 한다.

피침형(披針形, lanceolate) 끝이 가늘어지면서 길이와 너비의 비가 6:1~3:1 정도인 모양(예: 버드나무의 잎 등)

한해살이풀〔一年草, annual〕 1년 내에 발아 · 개화 · 성장 · 결실하고 죽는 식물

핵과(核果, drupe) 배나무속, 벚나무속의 열매같이 내과피가 견고하고 중과피가 다육질인 열매

협과(莢果, legume) 두과(豆果). 콩과식물에서와 같이 1심피 자방이 과실로 성숙한 후 2개의 봉선을 따라 터지는 열매

화축(花軸) 꽃차례의 자루

화피(花被, perianth) 수술과 암술을 보호하는 기관으로, 꽃받침과 꽃잎의 구별이 곤란할 때 양자를 일괄하여 화피라 한다. 내외가 같은 모양일 때에는 안쪽을 내화피, 바깥쪽을 외화피라 하며, 다른 모양일 때에는 안쪽을 꽃잎, 바깥쪽을 꽃받침이라 한다.

한국명 찾아보기

학명 찾아보기

참고 문헌

❶ 郭曉莊:有毒中草葯大辭典(1991), 天津科學飜譯出版公司, 天津.

❷ 上海科學技術出版社, 小學館編: 中藥大辭典(1985), 小學館, 東京.

❸ 정태현: 한국식물도감(1958), 신지사.

❹ 이창복: 대한식물도감(1980), 향문사.

❺ 北村四郎 · 村田源:原色日本植物圖鑑(1978), 保育社, 大阪.

❻ 육창수: 원색한국약용식물도감(1993), 아카데미 서적.

❼ 이영노: 원색한국식물도감(1996), 교학사.

❽ 약품식물학연구회: 약품식물학각론(1980), 진명출판사.

❾ 안병태 · 김재길 · 노재섭 · 육창수 · 이경순: 희귀생약 붉은대극에 대한 분류학적 재검토(1996), 생약학회지 27:129-135.

❿ 김영철: 임상독성학(1987, 4-5월) 약업신문 연재.

박완희(朴婉熙)

1934. 경북 영주 출생
1951. 숙명여중 졸업
1954. 영주농고 졸업
1958. 숙명여대 약학대학 졸업
현재 서울산업대학교 환경공학과 교수(약학박사)
한국생약회 이사 · 대한약학회 평의원 · 한국 균학회 이사 · 자연보호중앙협의회 정회원

정경수(鄭敬壽)

1954. 강원도 춘천 출생
1973. 경복고 졸업
1977. 서울대학교 약학대학 졸업
1979. 서울대학교 대학원 약학과(약학석사)
1983. 서울대학교 대학원 약학과 (약학박사)
1984~88. 충남대학교 약학대학 조교수
1988~93. 충남대학교 약학대학 부교수
1988~90. USDA(미국 농무성) ARS 객원 연구원
현재 충남대학교 약학대학 교수
연구 분야 한국산 고등균류(버섯류)의 항암효과 및 면역 활성 연구, 기타 연구 논문 38편

배기환(裵基煥)

1946. 경남 사천 출생
1973. 영남대학교 약학대학 졸업
1975~81. 일본 도야마 의과 약과대(약학박사)
1986~87. 미국 미네소타 대학 연구 교수
1993~95. 충남대학교 약학대학장
현재 충남대학교 약학대학 교수
중앙 약심 위원

안병태(安秉台)

1955. 충북 음성 출생
1982. 경희대학교 약학대학 졸업
1994. 충북대학교 대학원 약학과(약학박사)
서울대학교 천연물 과학 연구소 특별 연구원
충남대학교 약학대학 강사
현재 충북대학교 약학대학 강사
경희대학교 약학대학 강사

이준성(李準聖)

1960. 충남 대전 출생
1986. 충남대학교 약학대학 졸업
1986~88. (주)한독약품 품질관리부 근무
1988~95. (주)한중제약 품질관리부 근무
1992. 충남대학교 대학원 약학과(약학석사)
1997. 충남대학교 대학원 약학과(약학박사)

원색 도감

한국의 독버섯 · 독식물

초판 발행/ 1997. 7.10.
재판 인쇄/ 1997. 9.22.
재판 발행/ 1997. 9.27.
지은이/ 배기환 · 박완희 · 정경수 · 안병태 · 이준성
펴낸이/ 양철우
펴낸곳/ (주)교학사

기획/ 유홍희
편집/ 이은영
교정/ 차진승 · 황정순 · 이은영 · 강옥자

장정/ 고은정
제작/ 신영창
원색 분해/ 공무부 스캐너실
등록/ 1962. 6. 26. (18-7)
주소/ 서울 마포구 공덕동 105-67
전화/ 편집부 · 312-6685
영업부 · 717-4561~5
팩스/ 365-1310, 718-3976
대체/ 012245-31-0501320

값 35,000 원

* 잘못된 책은 바꾸어 드립니다.

ISBN 89-09-03730-X 96480